Cihan CILBIRCIOĞLU

ÁCAROS PREDADORES EM ÁREAS AGRÍCOLAS

Cihan CILBIRCIOĞLU

ÁCAROS PREDADORES EM ÁREAS AGRÍCOLAS

ÁCAROS PREDADORES

ScienciaScripts

Imprint

Any brand names and product names mentioned in this book are subject to trademark, brand or patent protection and are trademarks or registered trademarks of their respective holders. The use of brand names, product names, common names, trade names, product descriptions etc. even without a particular marking in this work is in no way to be construed to mean that such names may be regarded as unrestricted in respect of trademark and brand protection legislation and could thus be used by anyone.

Cover image: www.ingimage.com

This book is a translation from the original published under ISBN 978-620-3-20168-0.

Publisher:
Sciencia Scripts
is a trademark of
Dodo Books Indian Ocean Ltd., member of the OmniScriptum S.R.L Publishing group
str. A.Russo 15, of. 61, Chisinau-2068, Republic of Moldova Europe
Printed at: see last page
ISBN: 978-620-4-15214-1

ÁCAROS PREDADORES EM ÁREAS AGRÍCOLAS
Cihan CILBIRCIOCLU

ÁCAROS PREDADORES EM ÁREAS AGRÍCOLAS

Cihan CILBIRCIOGLU

Universidade de Kastamonu

Taskopni Vocational High SchollVegetal

e Zoic Departamento de ProduçãoOrganic

Agriculture Programme

A determinação de espécies de ácaros benéficos em áreas agrícolas da província de Kastamonu tem sido apontada. Para este fim, foram pesquisados 163 campos em Taskopru, Hanonu e Centrum de Kastamonu, em 2018- 2019. Trinta espécies de ácaros representando em três ordens (Prostigmata, Mesostigmata e Astigmata); As espécies identificadas, pertencem a doze famílias, incluindo Ascidae (nove espécies), Phytoseiidae (sete), Laelapidae (quatro), Macrochelidae (dois), Stigmaeidae (um), Digamasellidae (um), Ameroseiidae (um), Histiostomatidae (um), Parasitidae (um), Eviphididae (um), Veigaiidae (um) e Tydeidae (um). A espécie mais abundante é *Alliphis halleri* (G.&R. Canestrini) (Eviphididae: Acaridae)A espécie mais bem distribuída é *Gamasellodes bicolor* (Berlese) (Ascidae:Acaridae).

Palavras-chave: Ácaros benéficos, acari, predadores; Phytoseiidae; Stigmaeidae; Laelapidae;

TURKEY

CONTEÚDO

ÁCAROS PREDADORES EM ÁREAS AGRÍCOLAS 2

1.INTRODUÇÃO 6

2. RESUMO DA LITERATURA 14

3.1   Material..18

2.1.1.1 Levantamento e recolha de amostras de ácaros 20

2.1.2.1 Extracção de amostras...21

2.1.2.2 Preparação das amostras 23

2.1.2.3 Diagnóstico 25

4.1. Estudos de Diversidade de Espécies de Ácaros 25

4.1.1. Levantamentos fundiários 27

4.1.1.2 Amostragem da parte verde 28

4.1.1.3 Amostragem de ervas daninhas...29

4.2   Espécies de Ácaros Predatórios e Benéficos Identificados nas Áreas de Cultivo de Alho da Província de Kastamonu..33

4.2.1   Família: Ascidae (Voigts e Oudemans), 1905 (Mesostigmata: Acariformes)33

4.2.1.1.1 Espécie: *Gamasellodes bicolor* (Berlese), 1918 33

4.2.1.2 Gênero: *Arctoseius* (Thor), 1930 36

4.2.1.2.1 Espécie: *Arctoseius cetratus* (Sellnick), 1940 36

4.2.1.3 Gênero: *Asca* (von Heyden), 1826 38

4.2.1.3.1 Espécie: *Asca bicornis* (Canestrini ve Fanzago), 1887 38

4.2.1.4 Gênero: *Blattisocius* (Keegan), 1944...40

4.2.1.4.1 Espécie: Blattisocius keegani (Raposa), 1947 40

4.2.1.4.2 Espécie: *Blattisocius tarsalis* (Berlese), 1918 42

4.2.1.4.3 Espécies : *Blattisocius dentriticus* (Berlese), *1918*................................44

4.2.1.5 Gênero: *Cheiroseius* (Berlese), 1916 46

4.2.1.5.1 Espécie: *Cheiroseius neocorniger* (Oudemans), 1903.............................46

4.2.2   Família: Macrochelidae (Vitzthum), 1930 (Mesostigmata: Acariformes).......47

4.2.2.1 Gênero: *Macrocheles* (Latreille), 1829 47

4.3.2.1.1 Espécie: *Macrocheles glaber* (Muller), 1860 48

4.3.2.1.2 Espécie: *Macrocheles subbadius* (Berlese), 1904 50

4.2.3   Família: Laelapidae (Berlese), 1892 (Mesostigmata: Acariformes) 52

4.2.3.1 Género: *Hypoaspis* (Canestri), 1884 52

4.2.3.1.1 Espécie: *Hypoaspis aculeifer* (Canestrini), 1884......................................53

4.2.3.1.2 Espécie: *Hypoaspis brevipilis* (Hirchmann), 1969 56

4.2.3.1.3 Espécie: *Hypoaspispraesternalis* (Willmann), 1949 58

4.2.3.2 Gênero: *Androlaelaps* (Berlese), 1903 60

4.2.4 Família: Parasitidae (Oudemans), 1901 (Mesostigmata: Acariformes)............62

4.2.4.1 Gênero: Parasitus (Latreille), 1795..62

4.2.4.1.1 Espécie: *Parasitus fimetorum* (Berlese), 1904 63

4.2.5 Família: Eviphididae (Berlese), 1913 (Mesostigmata: Acariformes)............. 65

4.2.5.1 Gênero: *Alliphis* (Halbert), 1923... 65

4.3.5.1.1 Espécie: *Alliphis halleri* (Canestrini & Canestrini), 1881 65

4.2.6 Família: Veigaiidae (Oudemans), 1939 (Mesostigmata: Acariformes) 68

4.2.6.1 Gênero: Veigaia (Oudemans), 1905 68

4.2.6.1.1 Espécie: *Veigaiaplanicola* (Berlese), 1892 69

4.2.7 Família: Phytoseiidae (Berlese), 1916 (Mesostigmata: Acariformes)........... 70

4.2.7.1 Gênero: *Neoseiulus* (Hughes), 1948 71

4.2.7.1.1 Espécie: *Neoseiulus agrestis* (Karg), 1960... 71

4.2.7.1.2 Espécie: *Neoseiulus barkeri* (Hughes), 1948 73

4.2.7.1.3 Espécie: *Neoseiulus bicaudus* (Wainstein), 1962...................................... 76

4.2.7.1.4 Espécie: *Neoseiulus marginatus* (Wainstein), 1961 78

4.2.7.2 Gênero: *Anthoseius* (De Leon), 1959 80

4.2.7.2.1 Gênero: Anthoseius recki (Wainstein), 1958 81

4.2.7.3 Gênero: *Euseius* (De Leon), 1967 83

4.2.7.3.1 Espécie: *Euseius finlandicus* (Oudemans), 1915 83

4.2.7.4 Gênero: *Amblyseius* (Berlese), 1914 86

4.2.7.4.1 Espécie: *Amblyseius obtusus* (Koch), 1839 86

4.2.7.5 Gênero: *Proprioseiopsis* (Muma), 1961 88

4.2.7.5.1 Espécie: *Proprioseiopsis messor* (Wainstein), 1960.................................. 88

4.2.7.6 Gênero: *Transeius* (Chant ve McMurtry)... 91

4.2.7.6.1 Espécie: *Transeius begljarovi* (Abbasova), 1970a...................................... 91

4.2.8 Família: Digamasellidae (Evans), 1957 (Mesostigmata: Acariformes)......... 93

4.2.8.1 Gênero: *Dendrolaelaps* (Halbert), 1915 93

Sinônimo: -... 93

4.2.9 Família: Ameroseiidae (Evans in Hughs), 1961 (Mesostigmata: Acariformes) 96

4.2.9.1 Gênero: *Ameroseius* (Evans em Hughs), 1961 97

4.2.9.1.1 Espécie: *Ameroseiusplumosus* (Oudemans), 1902...................................... 97

4.2.10 Família: Cheyletidae (Lixiviação), 1815 (Prostigmas: Acariformes)............. 99

4.2.10.1.1 Espécie: *Cheyletus eruditus* (Schrank), 1781 99

4.2.10.1.2 Espécie: *Cheyletus malaccensis* (Oudemans), 1903 102

4.2.11 Família: Tarsonemidae (Kramer), 1877 (Prostigmata: Acariformes).......... 106

4.2.11.1 Gênero: *Tarsonemus* (Canestrini & Fangazo), 1876 106

4.2.11.1.1 Espécie: *Tarsonemus* sp.. 106

4.2.11.1.2 Espécie: *Tarsonemus waitei* (Bancos), 1912 107

4.2.12 Família: Tydeidae (Kramer), 1877 (Prostigmas: Acariformes) 109

4.2.12.1 Gênero: *Tydeus* (Koch), 1835 109

Sinônimo: - 109

5. DISCUSSÃO E CONCLUSÕES 112

Resultados e Evidências 114

REFERÊNCIAS...116

1.INTRODUÇÃO

O principal objectivo e prioridade desta tese é determinar as espécies de pragas e ácaros benéficos e a densidade populacional das importantes espécies nocivas do alho nas áreas de cultivo de alho e cebola na província de Kastamonu Merkez, Taskoprii e distritos de Hanonu. Além disso, a determinação das espécies de ácaros presentes no armazenamento do alho através da amostragem dos ácaros armazenados nas empresas de processamento de alho no distrito de Taskopru está entre os objectivos desta tese. Além disso, foram também determinadas espécies de ácaros em algumas ervas daninhas, que são comuns em áreas de cultivo de alho.

Allium sp. (L.) pertence à família Alliaceae e inclui espécies vegetais importantes como a cebola, o alho e o alho francês. Um dos maiores gêneros do mundo devido ao grande número de espécies que possui, *Allium* sp. em algumas classificações está incluído na família Liliaceae. As espécies vegetais desta família são perenes e corpulentas, produzindo compostos químicos que dão o aroma e sabor típicos do alho (Bachmann 2001). A maioria delas são espécies comestíveis. Entre elas, a origem do alho *(Allium sativum* L.) pertence à Ásia Central e é conhecida desde os períodos anteriores à data escrita (Afzal et al. 2000).

A. sativum (L.) (Alliaceae) foi introduzida pela primeira vez no mundo científico em 1753 pelo botânico suíço Linne. O alho está entre os mais antigos produtos hortícolas conhecidos (Wendelbo 1971). Afirma-se que o alho se desenvolve a partir do *Allium longicuspis* (Regel) encontrado naturalmente na Ásia Central (Figura 1.1). Os registros históricos mostram que o cultivo e consumo de *A. sativum* (L.) (Alliaceae) começou na Suméria e Mesopotâmia. O alho é ecologicamente resistente ao frio e sensível à luz, mostra bom crescimento ao sol em climas temperados, prefere solos úmidos e arenosos, e o produto de melhor qualidade é obtido em solos ricos em germânio e selênio (Bachmann 2001). Como o alho é uma das plantas cultivadas mais antigas, é usado para tratamento há milhares de anos devido aos seus efeitos benéficos (Rivlin 2001). O uso medicinal da planta data de 5.000 anos atrás (Zohary e Hopf 1994).

Fig 1.1 Alho (Anónimo 2019a)

Allium sp. A planta mais comum e superproduzida de todas as espécies é o alho. Embora o uso do alho no mundo varie de país para país, ele geralmente se apresenta em várias formas como especiarias, purê, conserva, alho em pó seco, óleo de alho e tablete de alho. O facto de o alho ter uma vasta gama de utilizações e os efeitos positivos na saúde humana, resultantes de pesquisas recentes, aumentaram a sua importância. De acordo com os dados da Organização das Nações Unidas para Alimentação e Agricultura, a produção mundial de alho foi de 17,8 milhões de toneladas em 2015 (Figura 1.2). Mais de três quartos da produção global é realizada pela China (Tabela 1.1). China Índia, Coreia, Egipto, seguida da Rússia e Turquia (Anónimo 2016). O fato de que os números de produção de alho são altos é que ele pode ser usado na medicina em uma ampla gama de áreas como asma, hipertensão, bronquite, câncer, fraqueza circulatória, resfriado, colite, tosse, ele traz boa renda e pode ser cultivado economicamente em diferentes condições ambientais (Kaul 1997).

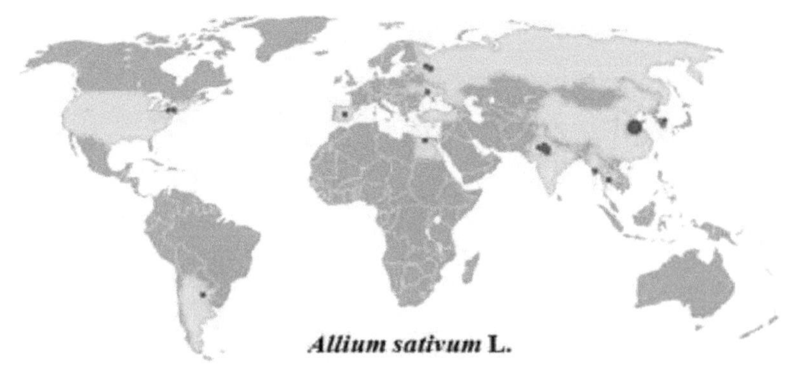

Fig. 1.2 Áreas de produção de alho no mundo (Anónimo 2019a)

A produção de alho ocupa um lugar importante na Turquia. Na Turquia, a produção mundial de alho tem uma quota média de 5% e ocupa o sexto lugar com 80.000 toneladas de produção anual (Tabela 1.1). Especialmente Kastamonu, Gaziantep, Edirne, Kahramanmara§, Balikesir e Sinop são importantes centros de produção de alho em nosso país.

Tabela1.1 Valores da produção mundial de alho em 2019 (Anónimo 2019)

Allium sativum L. (alho)		
Países	2019 (Toneladas de produção)	Acção (%)
China	13.764.400	77
Índia	833.970	4,7
Coreia do Sul	271.560	1,5
Egypth	224.626	1,4
Federação da Rússia	213.480	1,2
Turquia	**80.000**	**0,5**
Os Outros Países	2.473.988	18,4
Total do Mundo	**17.862.024**	**100**

A província que pode ser considerada a mais importante em termos de cultivo do alho no nosso país é Kastamonu com uma quota de aproximadamente 25,2% (Tabela 1.2). Quase todo o alho produzido em Kastamonu (85-90%) é cultivado no distrito de Taskopru (Tabela 1.3). De acordo com os dados de 2015 na região de Taskopru, o cultivo do alho é realizado em um total de 18.500 hectares de terra, a produção total é de 16.650 toneladas e o rendimento médio é de 9.000 kg / ha. O alho Kastamonu (Taskopru); tem uma casca rosa e branca, é resistente ao inverno e tem grande procura no mercado interno e externo porque é a raça mais rica em termos de teor de selénio. 3.500 famílias continuam suas vidas em

Taskopru com a produção de alho, e 3/4 do distrito de Taskopru, que tem uma população de 40.000 habitantes, continua suas vidas com a renda do alho.

Tajkopru	22.500	22.500	18.000	800
Merkez	1.750	1.750	1.397	798
Hanonu	600	600	540	900

Tabela 1.3 Dados da produção de alho da província de Kastamonu (Anónimo 2019b)

Anos	2006	2007	2008	2009	2010	2011	2012
Alho Produção	22.530	20.050	20.386	20.380	20.218	19.937	14.311
Área de cultivo (hectare)	25.350	25.370	25.370	22.868	25.230	24.850	24.322

O alho é uma planta que tem propriedades bioinsecticidas no campo da agricultura e, portanto, suas aplicações em todo o mundo ganharam importância nos últimos anos (Anônimo 2016a). A importância do alho na economia do nosso país está aumentando a cada dia (Tabela 1.4). De acordo com os dados de 2015, a exportação de alho do nosso país tem sido de cerca de 3.000 toneladas. A dimensão econômica do alho é de cerca de 28 milhões de dólares. Os países da UE (União Europeia) são os países onde realizamos a maior parte das nossas exportações totais de alho (Anónimo 2013). Segundo dados de 2015, 80-95% de nossa exportação de alho fresco foi feita para a Alemanha e 68,52% de nossa exportação de alho seco foi feita para a França. A contribuição do alho para a economia de Kastamonu é bastante elevada e, de acordo com os dados de 2015, 1.000 toneladas de alho foram exportadas da província de Kastamonu para a Bulgária, Itália, Alemanha, Áustria e Eslovênia (Anônimo 2015b). Esta situação mostra que o alho está entre os produtos agrícolas importantes que fornecem insumos econômicos para o nosso país e especialmente para a região. Além disso, o consumo de alho é elevado no mercado interno.

Tabela 1.4 Produção de alho no nosso país por anos (Anónimo 2019a)

	2010	2011	2012	2013	2014	2015
Produção de alho	75.000	81.000	83.000	77.000	78.000	79.000
Mudança de Annuas na produção de alho (%)	8.00	2.47	-7.23	1.30	1.28	-
Área de cultivo (ha)	10.950	11.000	8.317	8.963	9.301	9.876

Embora o alho se espalhe em quase todas as regiões do mundo, especialmente nos países mediterrânicos, pode crescer muito bem em solos de baixa humidade, ligeiramente arenosos em regiões com climas amenos, e também cresce em solos argilosos e argilosos. A característica mais importante desta planta é que ela produz produtos de boa qualidade em solos ricos em germânio e selênio. Por esta razão, os gânglios de melhor qualidade do mundo são cultivados na planície de Taskopni. 85% dos solos da região de Taskopni têm um peso médio, permeável, arenoso, argiloso e argiloso, exigido pelo alho. O alho adora as áreas de passagem onde a primavera é quente e úmida. Deste ponto de vista, o clima de Kastamonu tem condições ideais para o cultivo do alho. As chuvas que caem no final de fevereiro e início de março, quando a planta do alho é plantada em Kastamonu, são suficientes para a germinação desta planta. O cultivo do alho pode ser feito em Kastamonu sem a necessidade de irrigação adicional sob estas condições pluviométricas. Neste estudo, o alho Taskopru, que é uma das mais importantes e ricas variedades de alho em nosso país e no mundo, e a província de Kastamonu e seus arredores, a única região onde este produto agrícola é cultivado, foi selecionada como área de estudo.

Kastamonu e Taskopru estão localizados dentro da Secção Oeste do Mar Negro da Região do Mar Negro. As montanhas de Kure elevam-se ao norte deste distrito e as montanhas de Ilgaz ao sul. Os riachos, que tomam a sua nascente a partir destas duas cadeias de montanhas, cuja altitude está próxima dos 2000 metros, juntam-se a Gokirmak, um dos maiores ramos de Kizilirmak. Gokirmak estende-se ao longo de uma depressão de oeste para leste e o aluvião carregado pelos seus braços acumulado na planície de Taskopru, fazendo com que esta região se torne uma das mais importantes áreas de plantio de alho do nosso país. Os ventos que passam pelo Mar Negro e chegam às montanhas Kure reduzem a seca até certo ponto, especialmente em períodos secos, pois passam por ambientes úmidos e assim criam efeitos positivos nas plantas (Anônimo 2016a) (Figura 1.3).

Fig. 1.3 Vista geral da cidade de Kastamonu

Na província de Kastamonu, nos distritos de Central, Taskopru e Hanonu; Dependendo das condições climáticas, a plantação de alho começa entre fevereiro (15) e março (15), e a colheita começa no final de julho e continua até meados de agosto. A costura é feita à mão ou à máquina. As condições de armazenamento pré-plantio são efetivas na taxa de germinação (germinação) e formação da cabeça. O prolongamento do período de armazenamento e as baixas temperaturas após o plantio aumentam a formação de flores e botões laterais e a qualidade decresce. As altas temperaturas impedem a formação de flores. Após o plantio, os dentes desenvolvem-se formando raízes e rebentos imediatamente. O alho começa a começar em maio, 1-1,5 meses após o plantio. Quando as plantas atingem 15-20 cm de comprimento, é feita uma âncora superficial com uma profundidade de 3-4 cm a fim de evitar o crescimento de ervas daninhas e assegurar um melhor desenvolvimento das plantas. Se a precipitação não for suficiente, o alho é irrigado 2-3 vezes por inundação ou por aspersão (Figura 1.4).

Fig.1.4 Área de cultivo do alho na província de Kastamonu

As doenças e pragas desempenham um papel importante na produção de alho, dependendo destes fatores, pode haver perdas de produto de 10% a 50%. Em muitos estudos realizados no mundo e em nosso país, é relatado que os ácaros causam problemas significativos, especialmente em cebola, alho e plantas ornamentais bulbosas (Chen and Lo 1989, Madanlar and Onder 1996, Diaz et al.2000, Bayram and Cobanoglu 2006, Goven et al.2009, Denizhan 2012, Kilig et al.2012). No âmbito da tese, as informações obtidas através de entrevistas individuais e pesquisas com produtores de alho mostram que o rendimento diminui gradualmente com o efeito de doenças e pragas nas áreas de cultivo do alho na planície de Taskoprii. Determinou-se que cerca de 8.000 decréscimos de terra de alho em 15 aldeias da planície acima referida estão prestes a perder-se devido ao impacto de pragas e que os produtores têm de se deslocar para áreas improdutivas em regiões mais altas. Como os danos causados pelos ácaros são observados intensamente nas áreas de cultivo do alho na região, geralmente são feitas pulverizações inconscientes. O uso generalizado de pesticidas ameaça a saúde humana e ambiental. Para além de todos estes problemas, surge o problema da resistência, dose elevada e uso intensivo de drogas nos ácaros.

Quase não existem estudos detalhados e abrangentes sobre os ácaros nocivos do alho no mundo e no nosso país. A maioria dos estudos realizados visa identificar ácaros em plantas ornamentais comestíveis de cebola e bulbos e tem sido relatado que os ácaros causam problemas importantes (Chen e Lo, 1989, Madanlar e Onder 1996, Diaz et al.2000, Bayram e Cobanoglu 2006, Goven et al.2009, Denizhan 2012, Kilig et al.2012).

Embora o cultivo do alho seja nacionalmente importante na província de Kastamonu, não houve nenhum estudo sobre outras espécies de ácaros da praga do alho além do estudo realizado por Denizhan (2012) sobre a detecção de Aceria tulipae (Keifer) (Acari: Eriophyiidae) nas áreas de cultivo do alho no distrito de Taskopru. Kilig et al. (2012) trabalharam na detecção de espécies de ácaros da cebola em nosso país. Com base nisso, foram feitas amostras semanais das áreas de cultivo de alho na província de Kastamonu, distritos TaskOprii, Hanonu e Merkez no âmbito da tese de doutorado em questão, e foram determinadas espécies e concentrações úteis de ácaros nas áreas de cultivo de alho e foi revelado se existe um potencial de controle biológico na luta contra ácaros nocivos e se as alternativas de controle biológico alternativas que poderiam ser aplicadas no futuro.

2. RESUMO DA LITERATURA

Muitos estudos no mundo e em nosso país relataram que os ácaros causam problemas significativos na cebola e no alho (Hughes 1976, Chen and Lo, 1989, Madanlar and Onder 1996, Diaz et al.2000, Bayram and Qobanoglu 2006, Goven et al.2009, Denizhan 2012, Kilig et al.2012). Quando se examinam estudos realizados no mundo, observa-se que espécies pertencentes aos gêneros Rhizoglyphus e Tyrophagus (Acari: Acaridae) se destacam como pragas em plantas bulbosas. Rhizoglyphus robini (Claparede) (Acari: Acaridae) chama a atenção como uma importante espécie de praga (Gerson et al. 1985, Kuwahara 1985, Ho e Chen 1987, Diaz et al. 2000). Iyribose (1940) registrou *Bryobia rubrioculus* (Scheuten) (Acari: Tetranychidae) pela primeira vez em 1936 no viveiro de maçãs e damascos em Buyukdere, Istambul. Hughes (1948) deu informações detalhadas sobre a sistemática, definição, características diagnósticas, biologia e distribuição dos ácaros encontrados nos alimentos.

Baker (1965) reviu as espécies da família Tydeiidae em termos das suas características de identificação. Ele relatou que existem espécies predadoras e fitofágicas nesta família, e *Tydeus californicus* (Banks) (Acari: Tydeidae) é uma espécie importante.

Cunnigton (1965), akarlarin depolanmis hububatlarda onemli zarararlara neden oldugunu ve ozellikle 18-25 °C sicaklik degerlerinde bulasmalarin gok arttigini belirtilmektedir.

Emmanuel et al. (1985), *Tyrophagus longior* (Gervais) (Acari: Acaridae), *Tarsonemus confusa* (Ewing) (Acari: Tarsonemidae), *Lupotarsonemus talpae* (Schaarschmidt) (Acari: Tarsonemidae) em seu estudo sobre espécies de ácaros na cevada e ervas daninhas e mudanças populacionais destas espécies.) e *Siteroptes graminisugus* (Hardy) (Acari: Siteroptidae) foram identificadas como as espécies mais comuns encontradas na cevada, *L. talpae*, *T. longior* e *Steneotarsonemus culmicolus* (Reuter) (Acari: Tarsonemidae) foram relatadas como as espécies mais comuns nas ervas daninhas.

Qobanoglu (1989), em seu estudo sobre a determinação de espécies úteis de Phytoseiidae em campos de vegetais na província de Antalya, *Amblyseius potentillae* (Garman) (Acari: Phytoseiidae), *Amblyseius stipulatus* (Athias - Henriot) (Acari: Phytoseiidae), *Amariblyseius umbraticiidae* (Acari: umbraticiidae) , *Amblyseius barkeri* (Hughes) (Acari: Phytoseiidae), *Anthoseius rhenanus* (Oudemans) (Acari: Phytoseiidae), *Phytoseius finitimus* (Ribaga) (Acari: Phytoseiidae), *Typhlodromus tiliae* (Oudemans) (Acari: sete espécies) *A. umbraticus* deste tipo é um novo recorde para a Turquia e a fauna em *A.barker* e *A. rhenanus* relatados pela primeira vez nos legumes do nosso país foram detectados.

Rosenthal e Platts (1990) demonstraram que a *Aceria (Eriophyes) malherbe* (Acari: Eriophyidae) pode ser utilizada como agente de controlo no combate às ervas daninhas *Convolvulus arvensis* (Convolvulaceae) na Grécia.

Emekgi e Toros (1994) relataram as espécies *Acarus siro* (L.) (Acari: Acaridae) e *Lepidoglyphus destructor* (Schrank) (Acari: Acaridae), que são predadores de *Cheyletus eruditus* (Schrank) (Acari: Cheyletidae), um predador eficaz em armazéns. examinou a sua eficácia em combinações de 10 ° C e 25 ° C de temperatura e 70%, 90% de umidade proporcional. Verificaram que o período de desenvolvimento e vida das espécies de ácaros nocivos encurta e o período de desenvolvimento do *C.eruditus* aumenta com o aumento da temperatura.

Qikman et al. (1996) determinaram 8 espécies pertencentes às famílias Tetranychidae, Acaridae, Phytoseiidae, Pyemotidae e Tydeidae em seu estudo em 1994-1995 para determinar as espécies de ácaros encontradas nas áreas vegetais da província de Sanliurfa, sua distribuição e hospedeiros. As espécies *Tydeus* sp. (Acari: Tydeidae), *Amblyseius barkeri* (Hughes) (Acari: Phytoseiidae) e *Pyemotes* sp. (Acari: Pyemotidae) foram identificadas como ácaros predadores. Além disso, neste estudo, *Rhizoglyphus robini* (Clarepede) (Acari: Acaridae) foi relatado em alho.

Broufas et al. (2001) examinaram as actividades vitais de *Euseius finlandicus* (Oudemans) (Acari: Phytoseiidae) tais como o desenvolvimento e a reprodução a diferentes temperaturas. O estudo foi realizado a 70-80% de humidade relativa e 16: 8 condições de escuridão clara. Como resultado, foi relatado que 15oC dá os menores resultados para as propriedades vitais e 30oC dá os melhores resultados. Também foi relatado que temperaturas acima de 30oC têm um efeito negativo sobre a população.

Kasap e Qobanoglu (2006) afirmaram que a densidade populacional de *Bryobia rubrioculus* atingiu os valores mais altos em junho e julho em pomares de maçãs na província de Van entre 2002-2003, que a população era mais alta em maçãs de figo do que em maçãs douradas e *Zetzellia mali* (Ewing) (Acari: Acari: Stigmaeidae) foi relatado como um predador eficaz de *B. rubrioculus*.

Qakmak et al. (2011), onde a família Ascoide Turkey e Phytoseioide de 20 espécies em seu estudo sobre a chave inglesa para diagnóstico criaram uma lista de verificação. *Proctolaelaps* identificados na província de castanheiros cossu (dugesia) (Acari: Melicharida), *Lasioseius lacunosus* (Westerbo) (Acari: Ascida), e *Lasioseius ometes* (Oudemans) (Acari: Ascida) reportam um primeiro recorde para a Turquia.

Faraji et al. (2011), o catálogo de ácaros na Turquia tem interesses que estão ligados à família Phytoseiidae. Eles resumiram os estudos em nosso país sobre as espécies *Proprioseiopsis messor, Euseius finlandicus, Neoseiulus barkeri, Neoseiulus bicaudus, Neoseiulus californicus, Neoseiulus marginatus* e *Phytoseiulus persimilis.*

Kilig et al. (2012), referindo-se a Ramakers e Van Lieburg (1982), enfatizaram que *Neoseiulus barkeri* (Hughes) (Acari: Phytoseiidae) é um potencial agente de guerra biológica na luta contra os ácaros.

Raphael et al. (2013) relataram que *Stratiolaelaps scimitus* (Womersley) (Acari: Laelapidae) foi detectado como um importante predador da *Aceria tulipae* em áreas de cultivo de alho e a eficácia deste predador foi entre 40% e 60%.

Kasap et al. (2013) identificaram 35 espécies de ácaros predadores pertencentes a 11 famílias em ervas daninhas nas províncias de Canakkale e Balikesir. Entre as famílias predadoras, Phytoseiidae foi identificada como a família mais importante, com 9 gêneros e 17 espécies. Entre estas espécies, *Typhlodromus athiasae* (Porath e Swirski) (Acari: Phytoseiidae) foi identificada como sendo a espécie fitoseiídica mais comum.

Doker et al. (2014), Turquia O estudo sobre a família Phytoseiidae *Neoseiulus knappi* de (Zannoni de Moraes, Ueckermann & Oliveira), *Typhlodromus (Typhlodromus) octogenipilus* (Kreiter, Tixier & Duson), *Typhlodromus (T.) phialatus* (Athias-Henriot) e *Typhloseiella isotricha* (Athias-Henriot) como um novo recorde para o nosso país.

Qobanoglu e Kumral (2016) investigaram a biodiversidade, densidade e mudança populacional dos ácaros da pimenta nas províncias de Bursa, Yalova e Ankara. Eles identificaram um total de 26 espécies de ácaros fitofágicos, predadores e ácaros em geral. As espécies mais comuns em todas as regiões são *Tetranychus urticae* e *Phytoseius plumifer, Phytoseius plumifer* (C. & F.) (Acari: Phytoseiidae), *Neoseiulus californicus* (Acari: Phytoseiidae) e *Tarsonemus bifurcatus* (Acri: Tarsonemidae). Além disso, a biodiversidade e densidade dos ácaros é maior em regiões temperadas como Bursa e Yalova em comparação com Ankara; foi relatado que a densidade de espécies predadoras é maior em regiões temperadas em comparação com outras regiões. No estudo, foi relatado que a densidade populacional de *T. urticae* permaneceu alta de julho a agosto e começou a diminuir com o conjunto de chuvas nos meses de junho e setembro. Em geral, a densidade de ácaros predadores tem sido relatada a aumentar gradualmente do final de julho até o início de outubro.

Doker et al. (2016), Turquia no seu estudo com o objectivo de contribuir para a família Phytoseiidae *Chelaseius valliculosus* (Kolodochk A) *Typhloseiulus carmona* (Chant & Yoshida-Shaul) *Typhloseiulus peculiaris* (Kolodochk A), *Amblyseius adjaricus* (Wainste the & Vartapetov), *Amblyseius meridionalis* (Berlese) *Kampimodromus ericinus* (Ragusa & Tsolakis), *Neoseiulus alustoni*

(Livshitz & Kuznetsov), *Neoseiulus karandinosi* (Papadoulis, Emmanouel & Kapaxidi), *Proprioseiopsis ovatus* (Garman), *Typhlodromus (Anthoseius) kerkirae* (Swirsusaphlousa) é o primeiro a reportar um recorde para a Turquia. Eles redefiniram *Amblyseius adjaricus*, *C. valliculosus*, *K. ericinus* e *N. alustoni* e criaram seus desenhos e chaves de diagnóstico.

3. MATERIAL E MÉTODOS

3.1 Material

O material principal do estudo consiste em espécies úteis de ácaros em cabeça, partes verdes e amostras de ervas daninhas retiradas de áreas de cultivo e armazenamento de alho nos distritos de Merkez, Taskopru e Hanonu, entre 2018-2019 (Figura 3.1). Além disso, compostos químicos como álcool etílico, ácido láctico, cristal de fenol, glicerina, lactofenol, meio Hoyer, lâmina, lamela, microscópio, microscópio estéreo, forno, funis Berlese, (0) escovas, copos de siracus, agulha de preparação, pouch paper e saco de polietileno constituem os outros materiais da pesquisa. Além disso, o laboratório de acrologia, salas climáticas e cabines foram utilizados na realização deste estudo.

Fig. 3.1 Colónias de ácaros em planta de alho

3.2 Métodos

Para determinar as espécies de ácaros encontrados nas áreas de cultivo do alho na província de Kastamonu, foram feitas amostras semanais para representar a província, levando em conta as facilidades de transporte e as condições ecológicas nos distritos de Hanonu e Merkez, especialmente Taşkopru, onde as áreas de cultivo do alho estão localizadas na região (Figura 3.2, Figura 3.3).

Fig. 3.2 A área de pesquisa

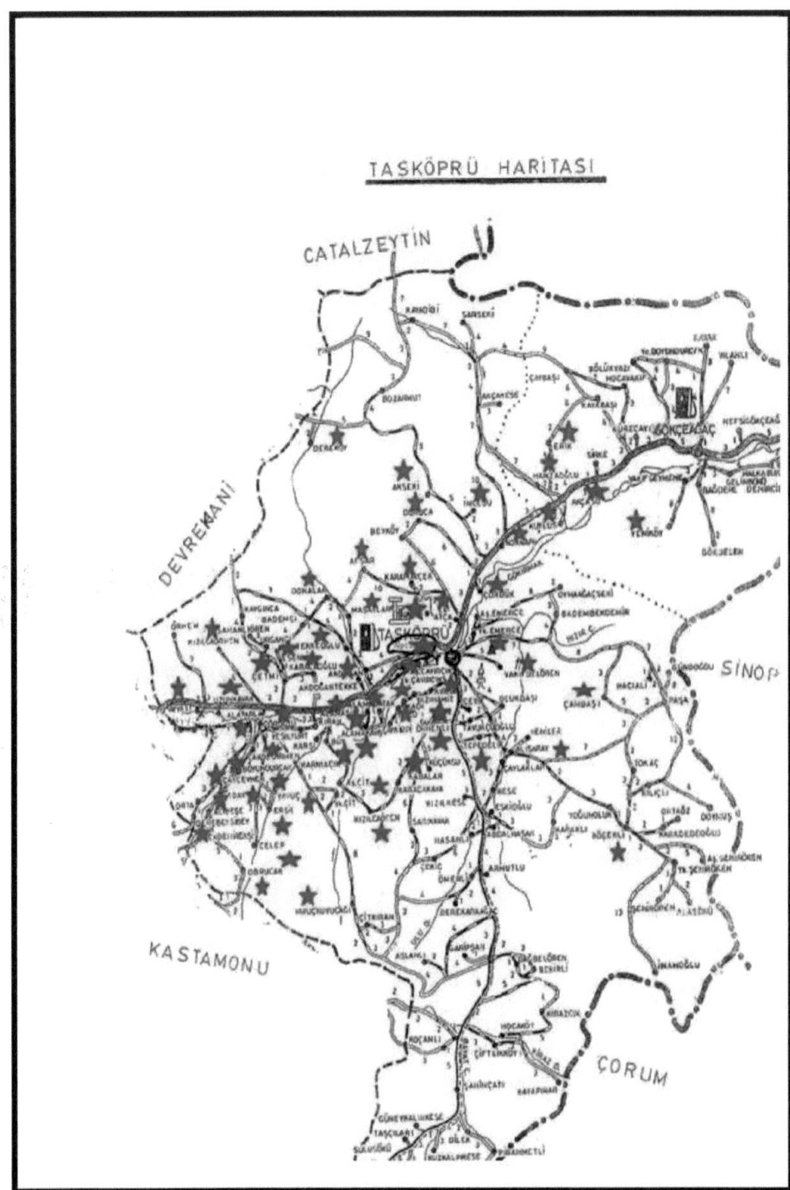

Sekil 3.3 Localidades que recolheram amostras de ácaros

2.1.1.1 Levantamento e coleta de amostras de ácaros

Os estudos de pesquisa começaram em março, quando a planta do alho foi plantada, e continuaram por dois anos consecutivos (2018-2019) até julho, que é a época da colheita. Foram realizadas pesquisas nas áreas de cultivo do alho da

Província de Kastamonu, a fim de determinar as espécies de ácaros encontradas nas áreas onde o alho é cultivado e, para este fim, foi realizada uma amostragem semanal para visitar cada distrito pelo menos uma vez por mês (Tabela 3.1, Figura 3.4). Foram recolhidas amostras de ambas as partes, cabeça e verde, da planta do alho. Além disso, também foram recolhidas amostras de espécies de ervas daninhas que são densamente encontradas nas áreas amostradas, a fim de determinar completamente a biodiversidade dos ácaros. Como resultado do estudo, as espécies de ácaros benéficos e predadores e sua distribuição foram determinadas no alho. O número de campos observados e o número de amostras coletadas foram determinados de acordo com Bora e Karaca (1970), considerando o tamanho do campo.

Fig 3.4 Amostras trazidas para o laboratório para serem examinadas

2.1.2 Extracção e preparação de amostras de ácaros

2.1.2.1 Extracção de amostras

As amostras coletadas no campo e o armazenamento de alho foram levados ao laboratório em sacos de polietileno, e depois examinados diretamente sob um estereomicroscópio para a separação dos ácaros. O alho é cortado da cabeça e a cabeça e as partes verdes são separadas uma da outra. Finalmente, a cabeça, as partes verdes, a erva daninha e as amostras de armazenamento foram extraídas pelo método Berlese (Duzgune§ 1980) (Fig. 3.5). O método seguido na extração é o seguinte;

As plantas retiradas das áreas de amostragem, a cabeça e as partes verdes foram colocadas separadamente nos funis com a fonte luminosa no topo. Os ácaros foram levados em tubos com 70% de álcool, nos quais os indivíduos que escaparam da fonte de luz foram coletados sob esses funis (Fig. 3.6; 3.7).

Fig 3.5 Funil Berlese

Fig 3.6. Funil Berlese, preparação de ácaros e equipamento de laboratório

2.1.2.2 Preparação das amostras

Antes da preparação dos ácaros, foi examinado sob um estereomicroscópio e a informação necessária foi registada. Mais tarde, as preparações destas amostras foram feitas de acordo com Duzgune§ (1980).

1- A fim de preservar os ácaros durante muito tempo ou para realizar estudos taxonómicos, os ácaros foram primeiramente esclarecidos. Para isso, foi utilizado o lactofenol mais adequado. Um recipiente de siracus foi utilizado para a clarificação dos ácaros mantido em álcool a 70% durante pelo menos 24 horas. O vidro foi selado na tigela de syracus e a informação sobre a amostra foi escrita neste vidro. Os pratos de siracus foram enchidos com lactofenol. Os ácaros que foram recolhidos e levados a 70% de álcool foram contados e levados para o recipiente do siracus. Após os ácaros serem transferidos para o lactofenol, eles foram mantidos em um aquecedor elétrico a 50-60oC por pelo menos 30 minutos. As amostras foram verificadas frequentemente durante a preparação.

2- Depois que o ácaro no Lactofenol se torna muito claro, uma ou duas gotas de fuccinina ácida são lançadas sobre ele e depois pintadas, mantendo-o em um aquecedor elétrico a 50-60oC por pelo menos meia hora.

3- O meio do Hoyer foi usado na preparação dos preparativos.

4- Uma gota de Hoyer foi tirada e largada no meio do escorrega e colocada sobre o ácaro. A preparação foi completada colocando a posição apropriada para fazer o diagnóstico necessário do ácaro. Geralmente, esta situação é dorsal e ventral em Tetraníquido e em fêmeas de ácaros predadores; nos machos, foi feita de forma lateral. Após a limpeza da lamela, o hoyer foi gotejado cuidadosamente (sem qualquer bolha de ar) e a lâmina foi coberta. Todas as operações foram realizadas sob um microscópio estereoscópico. O preparo foi preparado para coleta e diagnóstico, sendo mantido no forno a 50-60 oC por pelo menos uma semana e rotulado (Fig. 3.7).

Fig 3.7. Siracus bowl e dispositivo de forno

1- Uma etiqueta é afixada em ambos os lados da preparação. No lado esquerdo do rótulo, estão escritos a família, gênero, espécie e o nome da pessoa que faz o diagnóstico, no lado direito, o local onde os ácaros foram coletados, a data, o nome da planta e finalmente o número do preparo (Fig. 3.8).

2- Polimento transparente foi aplicado na borda das lamelas sobre os preparados para evitar a deterioração através da tomada de ar (Fig. 3.9).

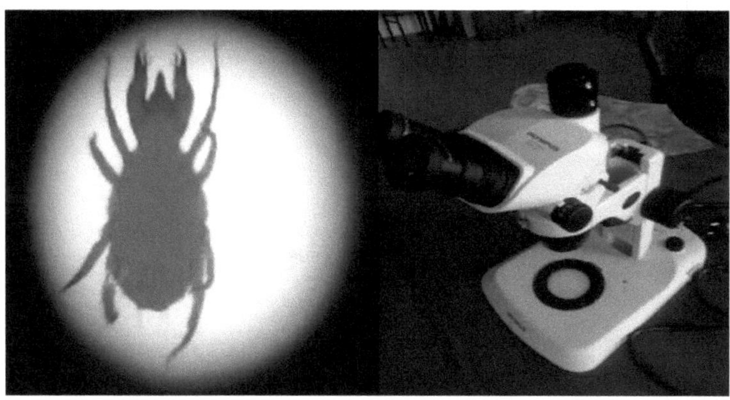

Fig 3.8. Imagem de microscópio ácaro e estereoscópio que foram utilizados na preparação

2.1.2.3 Diagnóstico

Para o diagnóstico foram utilizados Hughes (1976), Jeppson et al. (1975), Hatzinikolis e Emmanouel (1991), Bolland et al. (1998), Zhang e Fan (2005), Chant e McMurtry (2007), Papadoulis et al. (2009), Faraji et al. (2011), Tixier et al. (2012), Denizhan et al. (2015), Qobanoglu et al. (2016), Doker et al. (2016).

3. RESULTADOS

4.1. Estudos de Diversidade de Espécies de Ácaros

Os estudos da natureza começaram com o cultivo de alho no período de vegetação de 2018 e 2019, e 832 amostras foram compradas do Centro da Cidade de Kastamonu, distritos e aldeias de Ta§kopru e Hanonu até Julho de 2019, 30 de Ta§kopru, 14 de Hanonu e 13 aldeias do distrito de Merkez. . 741 destas amostras são amostras de campo e 91 são amostras de erva daninha. Foram encontrados ácaros em 767 destas amostras e a taxa de contaminação de ácaros foi determinada em 92,18%. Nas amostras de campo, foi feita uma amostragem separada tanto da cabeça como das partes verdes da planta do alho de cada ponto. Um total de 43 espécies benéficas e predadoras foram identificadas a partir de amostras de cabeça, partes verdes e ervas daninhas (Tabela 4.1).

Tabela 4.1 Espécies de ácaros predadores e benéficos determinados em pesquisas de alho no campo da província de Kastamonu (partes verde-cabeça)

Encomenda	Família	Espécie	Tipo de espécies
Mesostigmata	Ascidae	*Gamasellodes bicolor* (Berlese)	Predatory
		Arctoseius cetratus (Sellnick)	Predatory
		Asca bicornis (Canestrini & Fanzago)	Predatory

Order	Family	Species	Feeding habit
Mesostigmata		*Blattisocius dentriticus* (Berlese)	Predatory
		Blattisocius tarsalis (Berlese)	Predatory
		Blattisocius keegani (Raposa)	Predatory
		Cheiroseius neocorniger (Oudemans)	Predatory
	Macrochelidae	*Macrocheles subbadius* (Berlese)	Predatory
		Macrocheles glaber (Muller*)*	Predatory
		Hypoaspis aculeifer (Canestrini)	Predatory
		Hypoaspis brevipilis (Hirschmann)	Predatory
		Hypoaspis praesternalis (Willmann)	Predatory
	Laelapidae	*Androlaelaps casalis* (Berlese)	Predatory
	Parasitidae	*Parasitus fimetorum* (Berlese)	Predatory
	Eviphididae	*Alliphis halleri (*G.&R. Canestrini)	Predatory
	Veigaiidae	*Veigaiaplanicola* (Berlese)	Predatory
		Neoseiulus marginatus (Wainstein)	Predatory
		Neoseiulus barkeri (Hughes)	Predatory
		Neoseiulus bicaudus (Wainstein)	Predatory
		Neoseiulus agrestis (Karg)	Predatory
		Anthoseius reckii (Wainstein)	Predatory
	Phytoseiidae	*Euseius Finlandicus* (Oudemans)	Predatory
		Amblyseius obtusus (Koch)	Predatory
		Proprioseiopsis messor (Wainstein)	Predatory
		Transeius begljarovi (Abbasova)	Predatory
	Digamasellidae	*Dendrolaelaps zwoelferi* (Hirschmann)	Predatory
	Ameroseiidae	*Ameroseius plumosus (*Oudemans)	Predatory
Prostgmata		*Cheyletus eruditus* (Schrank)	Predatory
		Cheyletus malaccensis (Oudemans)	Predatory
			Predatory
	Cheyletidae	*Tarsonemus* sp.	

4.1.1. Pesquisas de terrenos

Para determinar as espécies de ácaros encontrados no subsolo e nas partes verdes da planta do alho, foi realizada uma amostragem tanto da cabeça como das partes verdes entre 2018-2019. Além disso, foram recolhidas amostras de ervas daninhas frequentemente observadas nas áreas de cultivo do alho. Foram feitas 832 amostras de terreno. Um total de 3.114 preparações foram feitas a partir destas amostras, das quais 1.448 eram cabeças, 999 eram partes verdes e 667 eram ervas daninhas. Nos levantamentos de campo, foram identificadas 32 espécies de ácaros pertencentes a 10 famílias. Destas, 13 são prejudiciais e 32 são espécies benéficas ou neutras. Como resultado dos diagnósticos (Tab. 4.1; Fig. 4.3).

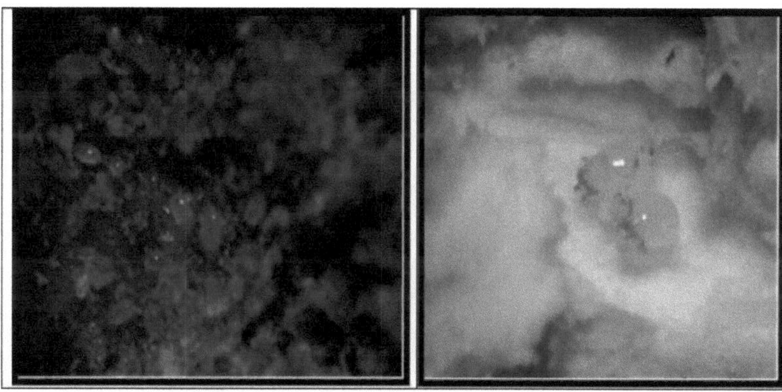

Fig 4.3 Colónias de ácaros nocivos em planta de alho (Cilbircioglu-original)
Um total de 400 amostras foram retiradas da parte da cabeça da planta do alho das áreas de cultivo do alho de Kastamonu durante 2 anos. Um total de 2.421 preparações foram feitas destas amostras (Tabela 4.4) (Figura 4.4).
Mesa. 4.4 Espécies de ácaros predadores e famílias detectadas em amostras de cabeças nas áreas de cultivo de alho da província de Kastamonu

Espécies de ácaros predadores e neutros detectados em amostras de cabeças		
Mesostigmata	Ascidae	*Arctoseius cetratus* (Sellnick
		Asca bicornis (Canestrini & Fanzago)
		Blattisocius keegani (Raposa)
		Gamasellodes bicolor (Berlese)
	Macrochelidae	*Macrocheles glaber* (Muller)
	Laelapidae	*Hypoaspis aculeifer* (Canestrini)
		Hypoaspis brevipilis (Hirschmann)
		Hypoaspis praesternalis (Willmann)
	Parasitidae	*Parasitus fimetorum* (Berlese)
	Eviphididae	*Alliphis halleri* (G.&R. Canestrini)
	Veigaiidae	*Veigaiaplanicola* (Berlese)

		Amblyseius obtusus (Koch)
		Anthoseius reckii (Wainstein)
		Euseius Finlandicus (Oudemans)
	Phytoseiidae	*Neoseiulus barkeri* (Hughes)
		Neoseiulus bicaudus (Wainstein)
		Neoseiulus marginatus (Wainstein)
Prostigmas	Cheyletidae	*Cheyletus eruditus* (Schrank)
	Oppiidae	*Ramusella clavipectinata* (Michael)
	Punctoribatidae	*Punctoribates punctum* (Koch)
	Protoribatidae	*Protoribe copucinus*
	Tectocepheidae	*Tectocepheus velatus sarekensis* (Tragardh)
Criptostigmas	Euphthiracaridae	*Acrotritia ardua* (Koch)
	Liebstadiidae	*Liebstadia* sp.
	Epilohmanniidae	*Epilohmannia cylindrica* (Wallwork)
	Galumnidae	*Galumna lanceolata* (Oudemans)

Fig. 4.4 Tomada de amostra de cabeça e partes verdes da área de cultivo do alho (Cilbircioglu-orjinal)

4.1.1.2 Amostragem da parte verde

Um total de 341 amostras foram retiradas das partes verdes das áreas de cultivo do alho na província de Kastamonu durante 2 anos. 1.108 preparações foram feitas a partir destas amostras (Tabela 4.5) (Figura 4.5).

Tabela 4.5 Espécies de ácaros e famílias detectadas nas partes verdes da planta do alho na província de Kastamonu

Espécies de ácaros predadores e neutros detectados em amostras de componentes verdes		
Ordo	Família	Espécie
Mesostigmata	Ascidae	*Arctoseius cetratus* (Sellnick)
		Asca bicornis (Canestrini & Fanzago)
		Blattisocius dentriticus (Berlese)
		Blattisocius keegani (Raposa)
		Gamasellodes bicolor (Berlese)
		Cheiroseius neocorniger (Oudemans)
	Laelapidae	*Hypoaspis aculeifer* (Canestrini)
		Hypoaspis brevipilis (Hirschmann)
		Hypoaspis praesternalis (Willmann)
	Parasitidae	*Parasitus fimetorum* (Berlese)
	Eviphididae	*Alliphis halleri* (G.&R. Canestrini^
	Veigaiidae	*Veigaiaplanicola* (Berlese)
	Phytoseiidae	*Amblyseius obtusus* (Koch)

4.1.1.3 Amostragem de ervas daninhas

A amostragem regular foi realizada durante 2 anos (2018-2019) e um total de 91 amostras foram coletadas de várias espécies de ervas daninhas que são seriamente prejudiciais das áreas de cultivo do alho. Um total de 667 preparações foram feitas a partir destas amostras. Das ervas daninhas das áreas de cultivo do alho na região, Koygoderen (Cirsium arvense), Mostarda Selvagem (Sinapis arvensis), Hera do Campo (Convolsolus arvensis), Trevo Selvagem (Medicago sativa), Ervilhaca Selvagem (Vicia sativum), Capim Preto (Agropyrum repons) Como resultado da identificação das amostras colhidas das espécies de rigidum), foi identificado um total de 21 espécies de ácaros pertencentes a 9 famílias. (Tabela 4.6).

Tabela 4.6 Tipos de ácaros predadores que foram determinados em ervas daninhas nas áreas de cultivo de alho da província de Kastamonu

Ácaros predadores e neutros		pecies determinadas em amostras de ervas daninhas
Takim	Familya	Espécie
Mesostigmata	Ascidae	*Arctoseius cetratus* (Sellnick)
		Asca bicornis (Canestrini & Fanzago)
		Gamasellodes bicolor (Berlese)
	Laelapidae	*Hypoaspis aculeifer* (Canestrini)
		Hypoaspis praesternalis (Willmann)
	Parasitidae	*Parasitus fimetorum* (Berlese)
	Eviphididae	*Alliphis halleri* (G.&R. Canestrini)
	Veigaiidae	*Veigaiaplanicola* (Berlese)
	Phytoseiidae	*Anthoseius reckii* (Wainstein)
		Euseius Finlandicus (Oudemans)
		Neoseiulus barkeri (Hughes)
		Neoseiulus bicaudus (Wainstein)
Mesostigmata	Phytoseiidae	*Neoseiulus marginatus* (Wainstein)
		Proprioseiopsis messor (Wainstein)
		Transeius begljarovi (Abbasova)
Criptostigmas	Liebstadiidae	*Liebstadia* sp.
		Liebstadia similis (Michael)
	Oppiidae	*Ramusella clavipectinata* (Michael)
	Tectocepheidae	*Tectocepheus velatus sarekensis* (Tragardh)
	Protoribatidae	*Protoribe copucinus*
	Euphthiracaridae	*Acrotritia ardua* (Koch)

77,90% das espécies identificadas nas ervas daninhas são membros da equipe Mesostigmata (504 ácaros). Segue-se a equipe dos Criptostigmas (80 ácaros / 12,36%) (Tabela 4.7) (Figura 4.5).

Tabela 4.7 Distribuição quantitativa das espécies detectadas em ervas daninhas nas áreas de cultivo de alho da província de Kastamonu, em equipe

Ordo	Número total	Porcentagem
Mesostigmata	504	%77.90
Criptostigmas	80	%12.36
Astigmata	39	%6.03
Prostigmas	24	%3.71
TOTAL	647	%100

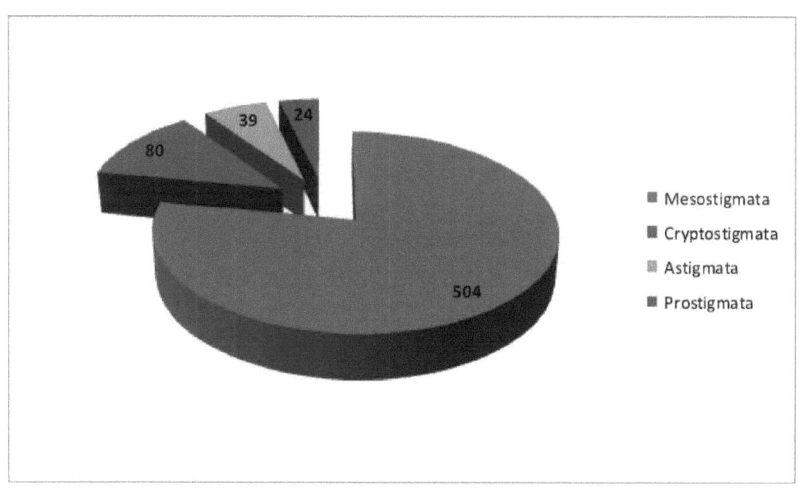

Figura 4.5 Distribuição numérica das espécies detectadas em ervas daninhas nas áreas de cultivo de alho da província de Kastamonu, em equipe

Quando a densidade familiar das espécies de ácaros benéficos detectados nas ervas daninhas é avaliada, a família Eviphididae (310 ácaros / 47,91%) foi a mais encontrada. As famílias Phytoseiidae (88 ácaros / 13,60%) e Parasitidae (58 ácaros / 8,96%) também apresentam densidades elevadas. As famílias menos comuns foram Tectocepheidae (5 ácaros / 0,77%) e Euphthiracaridae (5 ácaros / 0,77%) (Tabela 4.8) (Figura 4.6).

Tabela 4.8 Distribuição quantitativa familiar das espécies detectadas em ervas daninhas nas áreas de cultivo do alho na província de Kastamonu

Família	Número total (peça)	Porcentagem (%)
Eviphididae	310	47.91
Phytoseiidae	88	13.60
Parasitidae	58	8.96
Acaridae	50	7.73
Ascidae	29	4.48
Laelapidae	28	4.33
Veigaiidae	18	2.78
Tetranychidae	17	2.63
Protoribatidae	13	2.01
Oppiidae	11	1.70
Histiostomatidae	9	1.39
Liebstadiidae	6	0.93
Tectocepheidae	5	0.77
Euphthiracaridae	5	0.77
TOTAL	**647**	**100**

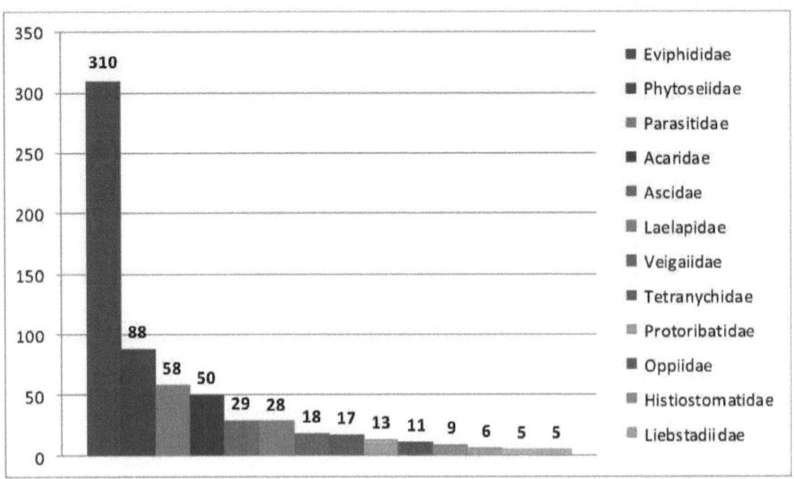

Figura 4.6 Distribuição numérica das espécies detectadas em ervas daninhas nas áreas de cultivo de alho da província de Kastamonu em base familiar

4.2 Espécies de Ácaros Predatórios e Benéficos Identificados nas Áreas de Cultivo de Alho da Província de Kastamonu

Como resultado do estudo, 9 espécies da família Phytoseiidae, 9 espécies da família Ascidae, 4 espécies da família Laelapidae, Macrochelidae, Cheyletidae, Tarsonemidae, Liebstadiidae, 2 espécies de cada família, Foram identificadas as famílias Punctoribatidae, Punctoribatidae, Parasitidaeidae, Eviphigidiidae, Eviphigidiidae, Eviphigidiidae, , Epilohmanniidae, Galumnidae, um total de 43 espécies benéficas e neutras, incluindo 1 espécie cada.

4.2.1 Família: Ascidae (Voigts e Oudemans), 1905 (Mesostigmata: Acariformes)

A família Ascidae é uma família importante que inclui muitos ácaros benéficos, incluindo os produtos armazenados. Esta família é constituída por espécies pertencentes a 34 gêneros espalhados pelo mundo. Os ácaros são comuns no solo, nas ninhadas foliares, etc. Eles vivem em ambientes e são frequentemente associados a outros animais. Estes ácaros são principalmente predadores, mas também se podem alimentar de micélio fúngico; alguns são parasitas. Várias espécies do género Proctolaelaps são parasitas de abelhas (Bregetova 1977). As placas metasternas dos ácaros da família Ascidae são pequenas, com mais de 23 pares de sedas na placa dorsal. Há uma ambulância na primeira perna dupla (Qobanoglu 2001). Em adultos, 1-4 pares de sedas marginais posteriores são encontrados acima da cutícula ventralateral de estrutura macia. A placa ventrional está disponível e consiste em 2-7 setas. A placa peritremetal é consideravelmente mais curta do que o estigma. Há 3 sedas circumanas na placa anal do opistossoma ventral. Nas fêmeas, a placa epinal geralmente é arredondada posteriormente. Os segmentos quelíceros são definidos por pilus dentilis em forma filiforme (Halliday et al. 1998). 4.3.1.1 Gênero: Gamasellodes (Athias-Henriot), 1961 Estes ácaros; São pequenos predadores do solo que se alimentam de pequenos invertebrados como ácaros, nematódeos e algumas espécies de Collembola. A sua reprodução ocorre na forma de arhenotoki ou telitoki. O seu corpo é totalmente segmentado dorsalmente, sem linhas diagonais que atravessam a superfície. A seta paranal está localizada mais próxima da margem posterior do ânus do que da margem anterior. Genu IV consiste em 9 setas (pl seta disponível). A porção esternal 3 está na placa esternal. As sedas de r3 e Z5 são setiformes e algumas regiões são lisas e algumas partes são peludas. O passo móvel da quelícera é geralmente 4-6 dentes (Walter 2003). Gamasellodes bicolor (Berlese) foi a única espécie identificada no estudo pertencente ao gênero Gamasolledes.

4.2.1.1.1 Espécie: *Gamasellodes bicolor* (Berlese), 1918

Sinónimo: *Leioseius bicolor* Berlese, 1918; *Gamasellodes major* Athias-Henriot,

1961; *Digamasellus shelasi* Costa, 1961; *Iphidozercon bicolor* Hirschmann, 1962; *Leioseius bicolor* Bernhard, 1963; *Gamasellodes circuliformes* Bernhard, 1963 (Hurlbutt 1970).

Distribuição Mundial: É uma espécie cosmopolita. EUA, Alemanha, Áustria, Austrália, Brasil, África do Sul, Índia, Inglaterra, Espanha, Israel, Itália, Canadá (Kilig et al.2012).

Registos da Turquia: *G. bicolor* foram obtidos de cogumelos silvestres no nosso país pela primeira vez no ano 1988-1995, foi registado como ácaros benéficos (Qobanoglu 2001). Kilig et al. (2012) encontraram G. bicolor como uma espécie útil em áreas de cultivo de cebola em Izmir.

Distribuição na Turquia: praticamente em qualquer lugar da Turquia (Qobanoglu 2001).

Habitats: Solo da floresta, cogumelos selvagens (Hurlbutt 1970).

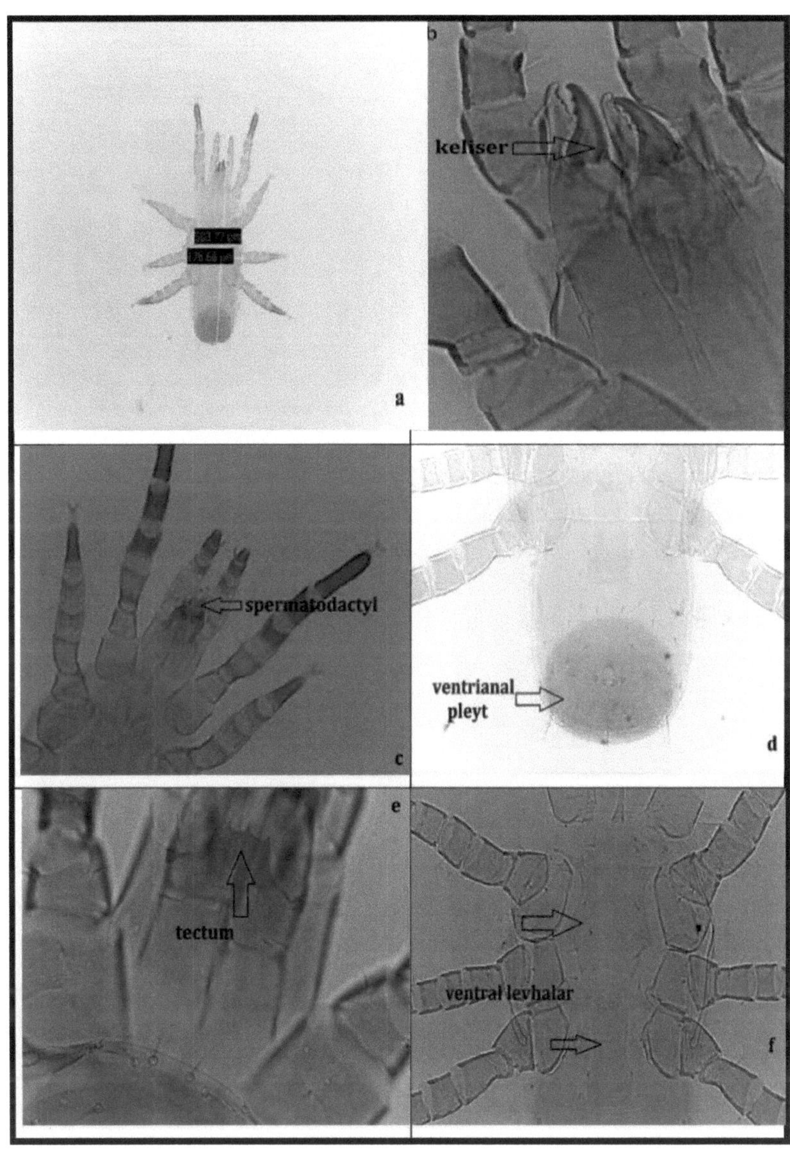

Fig 4.7 *Gamasellodes bicolor* (Berlese); a: fêmea adulta ($) (x10), b: quelícera (x100), c: espermatodáctilo (x100), d: placa ventrional (x40), e: tectum (x100), f: fêmea ($) placas ventriais (x40)

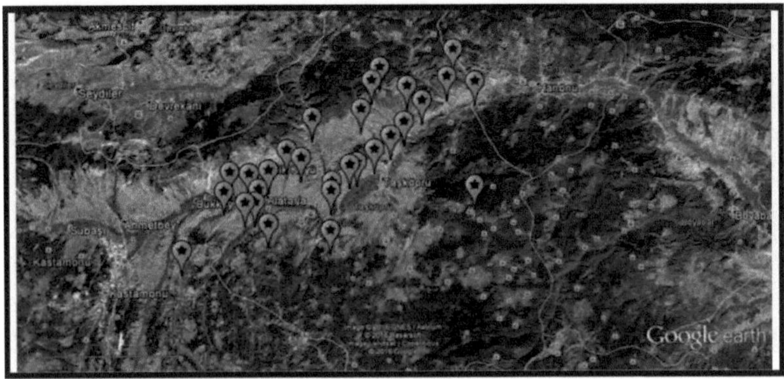

Figura 4.8 Distribuição de *Gamasellodes bicolor* (Berlese) na província de Kastamonu

4.2.1.2 Género: *Arctoseius* (Thor), 1930

Os ácaros pertencentes a este gênero são ácaros terrestres e geralmente incluem espécies de Collembola e espécies predadoras de ácaros. Eles vivem em resíduos orgânicos. Nos adultos e deutoninfas das espécies do gênero, há um par de fendas nas partes laterais da placa dorsal perto do meio. As partes anteriores dos adultos não têm um vértice esclerótico. Existem ácaros predadores que se adaptaram à vida terrestre nesta espécie. É encontrada em resíduos orgânicos (Qobanoglu 2001).

No estudo, somente Arctoseius cetratus (Sellnick) pertencente a este gênero foi determinado.

4.2.1.2.1 Espécie: *Arctoseius cetratus* (Sellnick), 1940

Sinónimos: *Arctoseius bispinatus* Weis-Fogh, 1947; *Arctoseius halophilus* Willmann, 1949; *Arctoseius erlamgensis* Hirschmann, 1951 (Binns 1974).

Definição: Largura: 166,77 ± 0,15 (186,77-136,32), Altura: 330,40 ± 0,14 (346,56

308.21) (n: 10). Nas fêmeas, a parte fixa da quelicerae (digitus fixus) tem 6-8 dentes como protuberâncias e 1-2 dentes. O tectum tem 2 garfos. O espermatodato é curto e tem a forma de um dedo. Há 11 pares de setas em forma de agulha na parte anterior da parte anal A seta dorsal é relativamente curta, estreita e em forma de agulha. Peritrem atinge o nível de coxa II (Lindquist e Makarova 2012) (Figura 4.9).

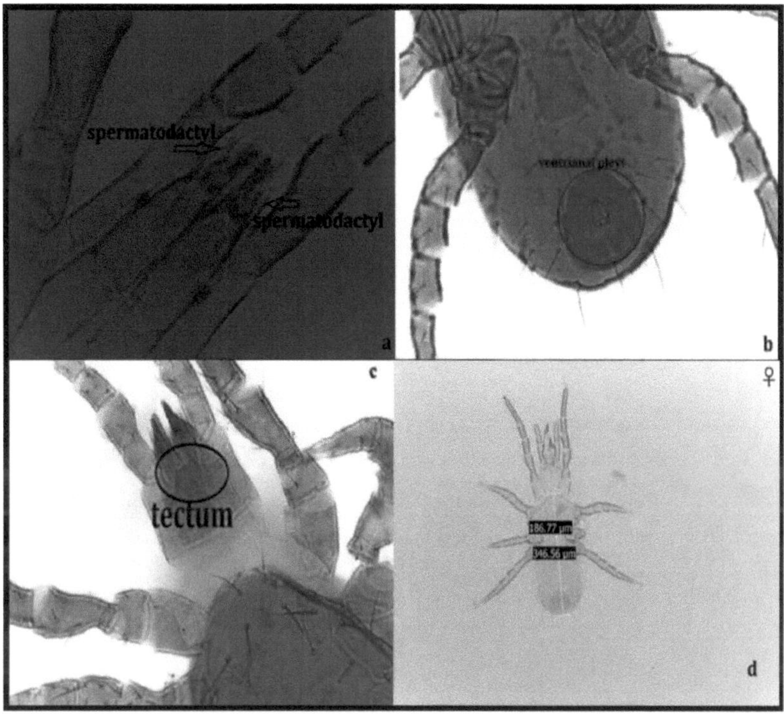

Figura 4.9 *Arctoseius cetratus* (Sellnick); a: espermatodáctilo (x100), b: placa ventrional (x40), c: tectum (x100), d: fêmea adulta ($) (x10)

Distribuição Mundial: EUA, Reino Unido, Israel, Suíça, Islândia (Lindquist e Makarova 2012).

Registos da Turquia: Sword et al. (2012) identificaram *A. cetratus* na fauna benéfica dos ácaros nas áreas de cultivo de cebola da província de Izmir.

Distribuição da Turquia: Ankara, Izmir (Kilic et al. 2012).

Habitats: Em feno, ninhos de ratos, musgos húmidos, zonas de erva, solos aráveis (Binns 1974).

Arctoseius cetratus alimenta-se de nematódeos, collembolas, ácaros da terra (oribatids) e Tarsonemidae (Acari: Prostigmata). Novamente desta espécie, Sciaridae Tem sido relatado viver em frente com moscas de cogumelos pertencentes à família (de Moraes et al. 2015).

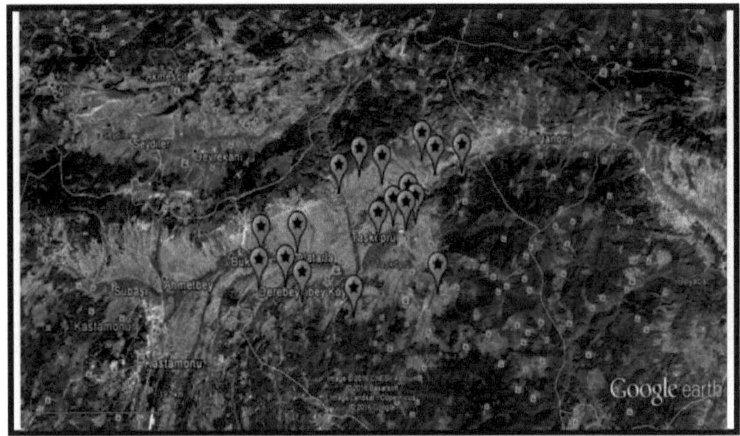

Fig 4.10 Distribuição de *Arctoseius cetratus* (Sellnick) na província de Kastamonu

4.2.1.3 Género: *Asca* (von Heyden), 1826

A placa dorsal é dividida em duas em indivíduos adultos. Não há ceta z1 na placa podonotal. A placa opistonotal estende-se em direção às sedas (Z4) e (Z5) e os tubérculos postorelaterais que aparecem juntos estão localizados nesta placa. A placa pertirematal é larga em adultos. Genu I consiste em 12 setas (Lindquist e Evans 1965).

Neste estudo, *Asca bicornis* (Canestrini e Fanzago) foi identificada como a única espécie predadora pertencente a este gênero.

4.2.1.3.1 Espécie: *Asca bicornis* (Canestrini ve Fanzago), 1887

Sinónimo: *Asca nova* Willmann, 1939 (Walter 2010).

Definição: Largura: 227,89 ± 0,17 (257,48-198,19) Altura: 348,69 ± 0,13 (371,00330,93) (n: 10). O idiossoma acaba por se caracterizar por um par de tubérculos. O tectum é binário (Fig. 4.11). Tem uma placa ventricular muito grande e a maior parte da placa ventral posterior é coberta por esta placa. A placa genital é pequena e existem 3 setas na placa metasternal (Qobanoglu 2001).

Distribuição Mundial: Disponível em todos os países europeus (Qobanoglu 2001).

Registos da Turquia: Cobanoglu (2001), Bayram e Qobanoglu (2005).

Distribuição da Turquia: Ankara (Bayram e Qobanoglu 2005).

Habitats: *Gagea villosa, Pinus* sp., cogumelos selvagens, folhas de videira. Este tipo prefere erva, húmus, pântanos e outras zonas húmidas (Qobanoglu 2001).

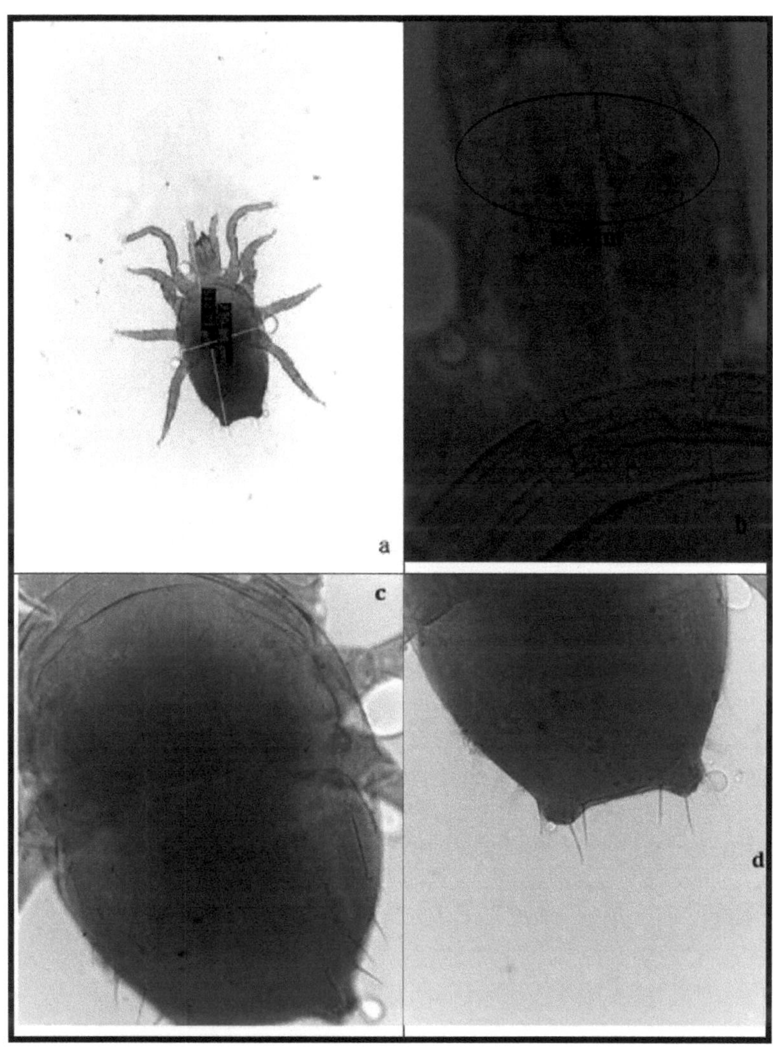

Fig 4.11 *Asca bicornis* (Canestrini & Fanzago); a: fêmea adulta ($) (x10), b: tectum (x100), c: vista dorsal (x40), d: fim do corpo (x40)

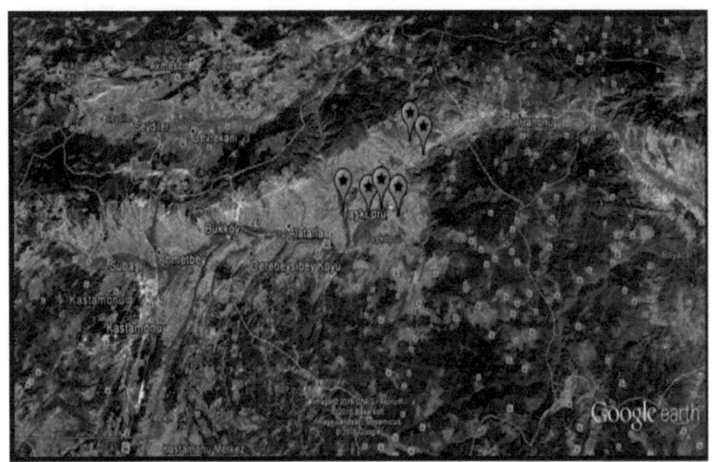

Figura 4.12 Distribuição de *Asca bicornis* (Canestrini & Fanzago) na província de Kastamonu

4.2.1.4 Género: *Blattisocius* (Keegan), 1944

Blattisocius sp. tem sido relatado que os ácaros são predominantemente predadores de espécies de pragas alimentares armazenadas (Galvao et al. 2011). Algumas espécies de *Blattisocius* sp. têm sido relatadas como predadores de ácaros em artrópodes nocivos. Entre essas espécies, *Blattisocius tarsalis* (Berlese), *Ephestia cautella* (Walker) (Lepidoptera: Pyralidae) e *Blattisocius keegani* (Fox) foram relatados como tendo alcançado resultados bem sucedidos no controle de algumas espécies prejudiciais de Coleoptera (Haines 1981).

Neste estudo, três espécies predadoras pertencentes ao gênero *Blattisocius* são *Blattisocius dentriticus* (Berlese), *Blattisocius tarsalis* (Berlese) e *Blattisocius keegani* (Fox).

4.2.1.4.1 Espécie: Blattisocius keegani (Raposa), 1947

Sinónimos: *Blattiosocius keegani* Fox, 1947 (Ozman e Zdarkova 2000).

Definição: Largura: 212,88 ± 2,41 (178,32-266,08), Altura: 399,81 ± 2,00 (364,50442,20) (n: 4) (Figura 4.13). A placa dorsal da fêmea é indivisível. As placas dorsais não estão disponíveis. Placa ventricular; é fina e comprida, carregando 3 sedas circimunais e 3-4 pares de sedas ventrais. As sedas adanais estão localizadas antes da margem posterior do ânus. A placa peritremática é mais fina e larga do que o estigma. Corniculi é fino. O tectum está em forma convexa (Britto et al. 2012). As fêmeas adultas são de cor amarelo claro e não são predadoras muito comuns em armazéns. Sua aparência geral é muito próxima de B. tarsalis e seu peritrem é muito mais curto, a parte fixa da quelícera é 2/3 da parte móvel e contém um pequeno dente (Qobanoglu 2008).

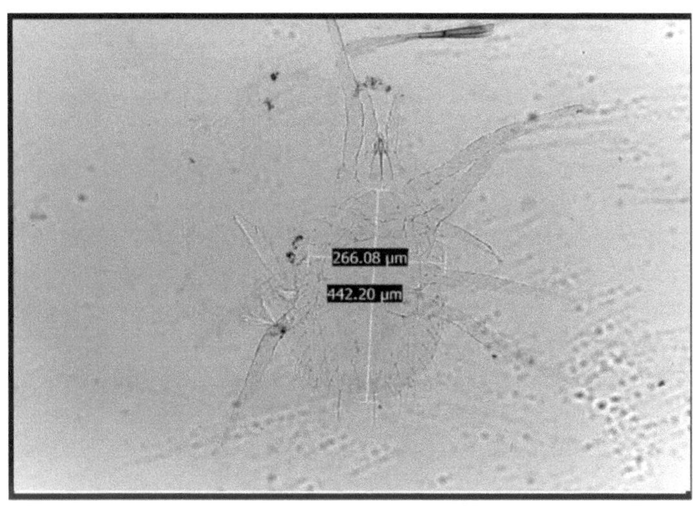

Fig 4.13 *Blattisocius keegani* (Raposa) fêmea adulta ($) (x40)

Distribuição Mundial: Argentina, Austrália, República Checa, Índia, Polónia, Rússia, Ucrânia, Nova Zelândia, (Britto et al. 2012).

Registos da Turquia: Ozer et al. (1986, 1989); Ozman e Zdarkova (2000); Qobanoglu (2008, 2009).

Distribuição Turquia: Região do Mar Negro, Izmir, Malatya (Qobanoglu 2009).

Habitats: *Corylus avellana,* alimentos armazenados (damasco, grãos, massas) (Britto et al.2012).

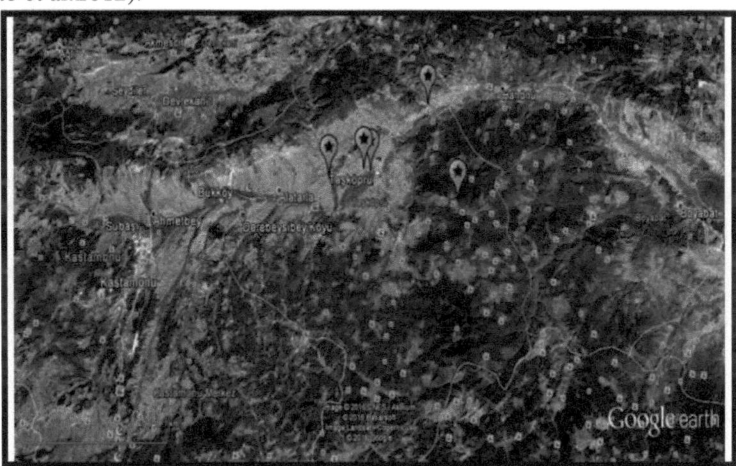

Figura 4.14 Distribuição de *Blattisocius keegani* (Raposa) na província de Kastamonu

4.2.1.4.2 Espécie: *Blattisocius tarsalis* **(Berlese), 1918**

Sinónimos: *Melichares (B.) tarsalis* Berlese 1918; *Typhlodromus tineivorus* Oudemans 1929, *Typhlodromus tineivorans* Oudemans 1929, *Blattisocius triodons* Keegan, 1944 (Hughes 1976).

Definição: Largura: 281,96 ± 0,31 (264,47-293,46), Altura: 537,07 ± 0,88 (485,64574,86) (n: 6). A placa dorsal não cobre completamente todo o idiossoma, e a dorsal dorsal do idiossoma é ligeiramente em rede. Há 33 pares de sedas no idiossoma. A parte móvel da igreja é desdentada. A Spermateka é de aspecto oval e em forma de taça. Espermatodactilia em macho e spermateca em fêmea são mostrados na Figura 4.15.

No Gnathosoma, o corniculus tem as características do gênero, é cilíndrico e em contato um com o outro. Digitus fixus carrega um pilus dentilis longo na ponta e se tornou menor. Suas pernas estão parcialmente escurecidas (Hughes 1976). Caracterizam-se pelo peritém curto que têm. O peritrem estende-se até à parte posterior da coxa II. A placa ventricular é longa em largura e carrega 3 pares de sedas pré-anais. As fêmeas de B. tarsalis são de aparência amarelo pálido. Os machos adultos são semelhantes às fêmeas. Apenas o keliseri do indivíduo macho ganhou a forma de "r" por diferenciação (Qobanoglu 2008).

Distribuição Mundial: EUA, Austrália, Inglaterra, Israel, Suíça, Itália, Hawaii, Holanda, África do Norte (Hughes 1976).

Registos da Turquia: Ozar et al. (1989); Ozer et al. (1986, 1989); Qobanoglu (1996), Kilig e Toros (2000), Ozman e Zdarkova (2000), Ozman e Qobanoglu (2001); Akyazi e Ecevit (2003); Bayram e Qobanoglu (2005; 2007); Qobanoglu (2009).

Ozer et al. (1989), *B.tarsalis* na província de izmir e arredores, Qobanoglu (1996) em produtos armazenados na província de Edirne, Kilig e Toros (2000) em produtos armazenados da província de Tekirdag e Ozman e Zdarkova (2000) em amostras secas de avelãs na região do Mar Negro. Qobanoglu et al. (2004) *B. tarsalis* foi determinado intensivamente em amostras secas de damasco retiradas das províncias de Malatya e Izmir em datas diferentes.

Distribuição na Turquia: izmir, Edirne, Tekirdag, Região do Mar Negro, Malatya (Akyazi e Ecevit, 2003).

Habitats: *Corylus avellana, Hyacinthus orientalis, Pinus nigra,* alimentos armazenados (damasco, figo, milho, trigo, cevada, aveia, farelo, passas, avelãs, girassol) (Hughes 1976). É uma das importantes espécies predadoras comuns nos armazéns (Qobanoglu 2008).

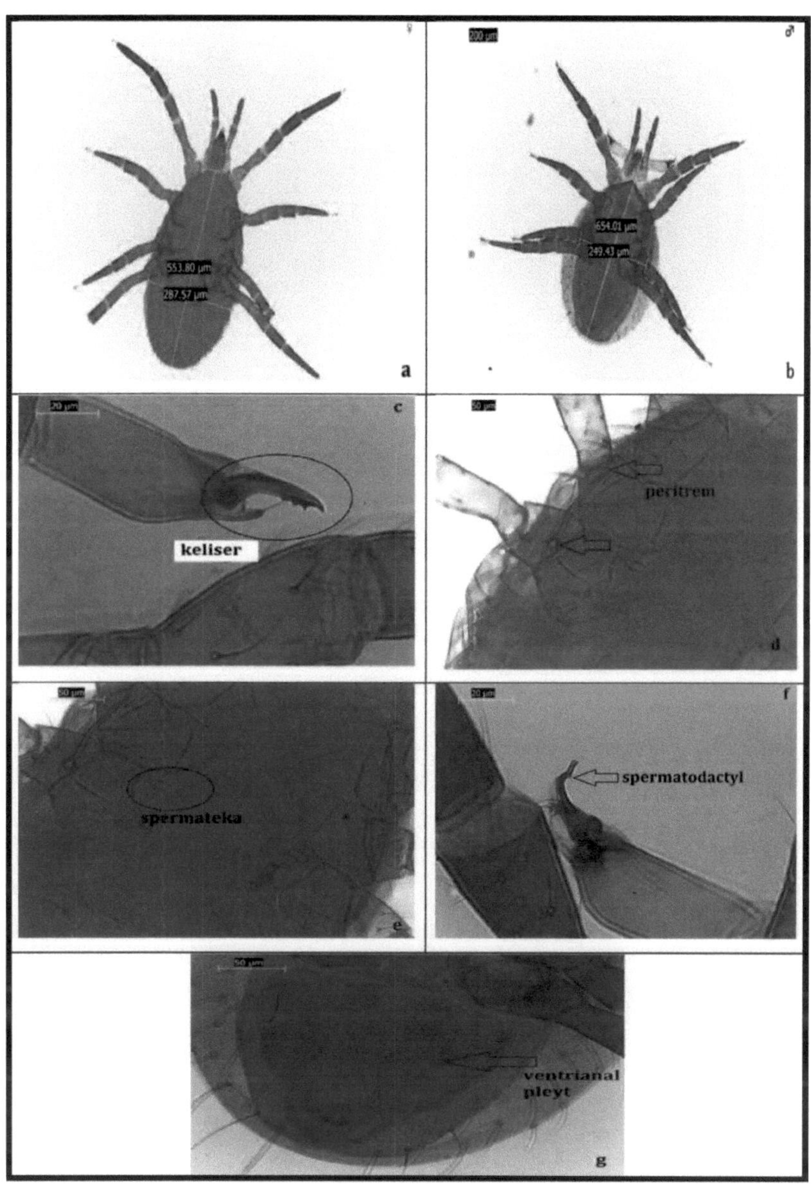

Figura 4. 15 *Blattisocius tarsalis* (Berlese); a: fêmea adulta ($) (x10), b: macho adulto () (x10), c: quelícera (x100), d: peritrem (x40), e: spermateca (x40), f: espermatodáctilo (x40), g: placa ventriana (x40)

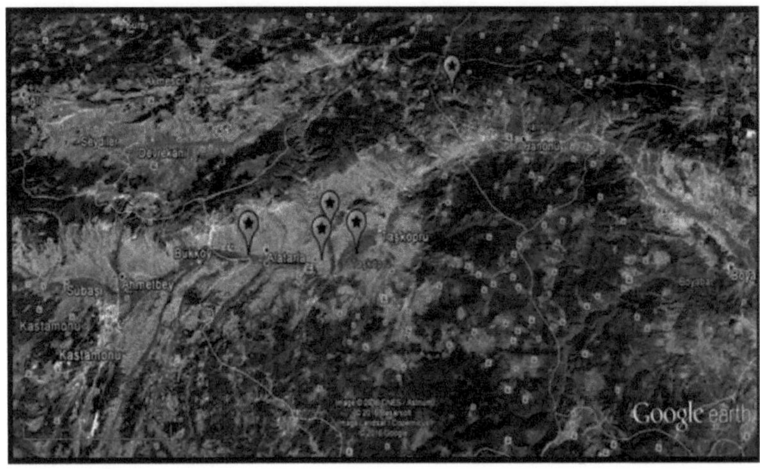

Figura 4.16 Distribuição de *Blattisocius tarsalis* (Berlese) na província de Kastamonu

4.2.1.4.3 Espécies : *Blattisocius dentriticus* (Berlese), *1918*

Sinónimos: *Lasioseius dentriticus* Berlese, 1918; *Melichares dentriticus* Berlese, 1918 (Basha ve Yousef 2001).

Definição: Largura: 647,50 ± 25,28 (535-720), Altura: 329,00 ± 15,52 (300-385) (n: 5). Corniculi é fino. O tectum é convexo, liso e tem poucos ou nenhuns dentes. A quelícera contém um pilus dentilis revestido por membrana. Há uma placa anal constituída por 3 sedas circumanas. A placa peritrematal tem o dobro da largura do estigma (Figura 4.17).

A seta umeral (r3) nas fêmeas está localizada na cutícula mole e ao lado da placa dorsal (Basha e Yousef 2001).

Distribuição Mundial: EUA, Reino Unido, China, Indonésia, Ilhas Havaianas, Índia, Holanda, Inglaterra, Itália, Irlanda, Israel, Japão, Sri Lanka (Basha e Yousef 2001).

Registos da Turquia: Qelik (2009) foram identificados *B. dentriticus* como ácaros do pó da casa na província de Samsun.

Distribuição de Turquia: Samsun (Aço 2009).

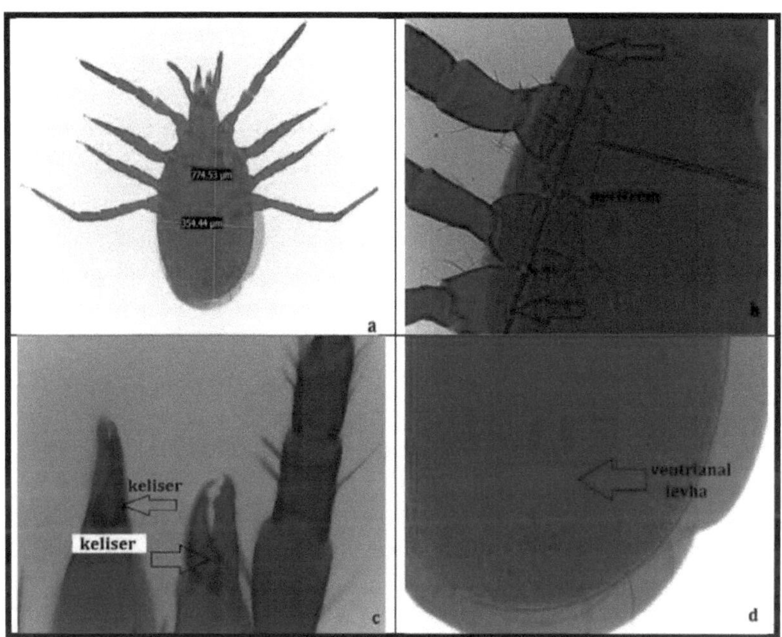

Figura 4.17 *Blattisocius dentriticus* (Berlese); a: adulto (x10), b: peritrem (x40), c: quelícera (x40), d: placa ventriforme (x40)

Habitats: Produtos aquáticos, condimentos, frutas e vegetais secos, cereais, milho, produtos cárneos, cogumelos, farelo, alimentos processados, batatas, milho, chá, trigo, farinha de trigo, solo, culturas de insetos, alimentos armazenados (Basha e Yousef 2001) .

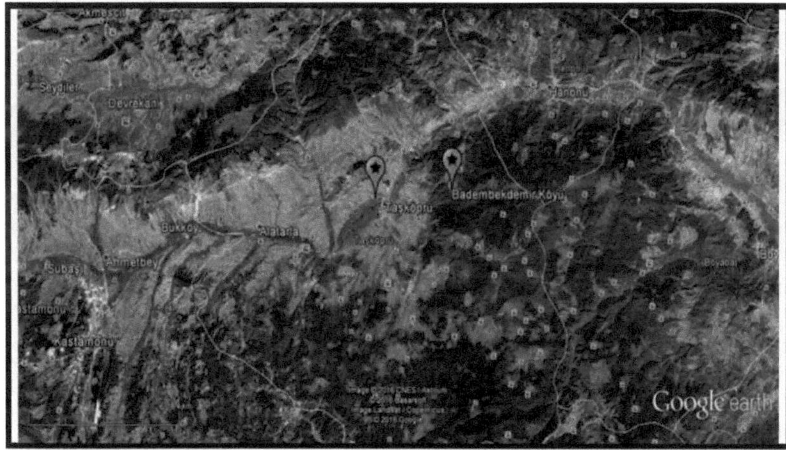

Figura 4.18 Distribuição de *Blattisocius dentriticus* (Berlese) na província de

4.2.1.5 Género: *Cheiroseius* (Berlese), 1916

Pertence à família Asciade e encontra-se entre o solo, o lixo fragmentado e as partes vegetais. 80 espécies deste gênero foram identificadas no mundo. A placa dorsal tem 710 horas de comprimento e 410 horas de largura. Placa dorsal, de forma oval e cor marrom escuro, composta por 36 pares de sedas dorsais A parte anterior é composta por 21 pares de setans e a parte posterior é composta por 15 pares. Nas fêmeas, o idiossoma está localizado dorsalmente, coberto lateralmente por uma borda posterior (Ma Liming 2000).

No estudo, apenas uma espécie de Cheiroseius neocorniger (Oudemans) pertencente ao gênero Cheiroseius foi identificada.

4.2.1.5.1 Espécie: *Cheiroseius neocorniger* (Oudemans), 1903

Sinônimo: *Hypoaspis neocorniger* Oudemans, 1903 (Hafez 1989).

Descrição: A placa dorsal é de 284 h de comprimento e 155 h de largura. A placa ventricular tem 60 h de comprimento e 40 h de largura e é composta por 3 pares de sedas pré-anuais. A placa esternal é mais comprida que o seu comprimento e tem 3 pares de cetas. A placa genital é mais larga que a placa ventriana (Figura 4.19) (Khademi et al. 2006).

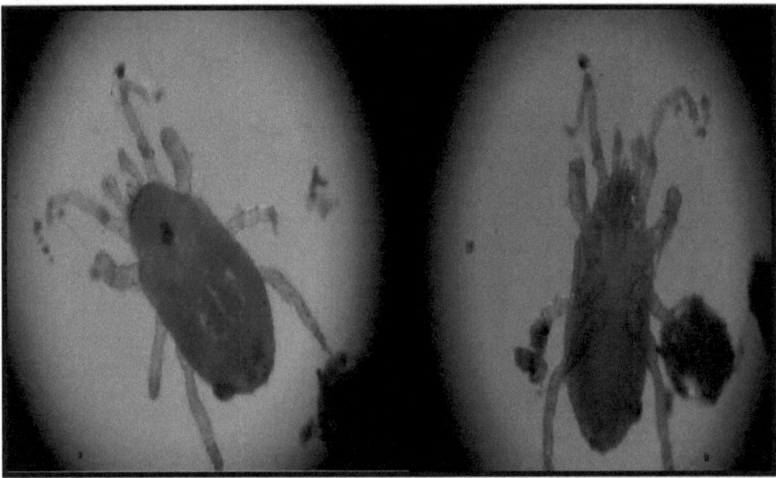

Figura 4.19 *Cheiroseius neocorniger* (Oudemans); a: vista dorsal adulta (x10), b: vista ventral adulta (x10) (Cilbircioglu-original)

Distribuição Mundial: Índia, Irão, Turquia (Khademi et al., 2006).
Registos da Turquia: Kumral e Qobanoglu (2015), C. neocorniger das espécies de plantas de sombra nocturna foram identificados como caçadores.

Distribuição da Turquia: Ankara, Bursa, Yalova (Kumral e Qobanoglu 2015).
Habitats: *Lantana* sp., *Citrus* sp., *Solanum nigrum* L. (Khademi et al. 2006).

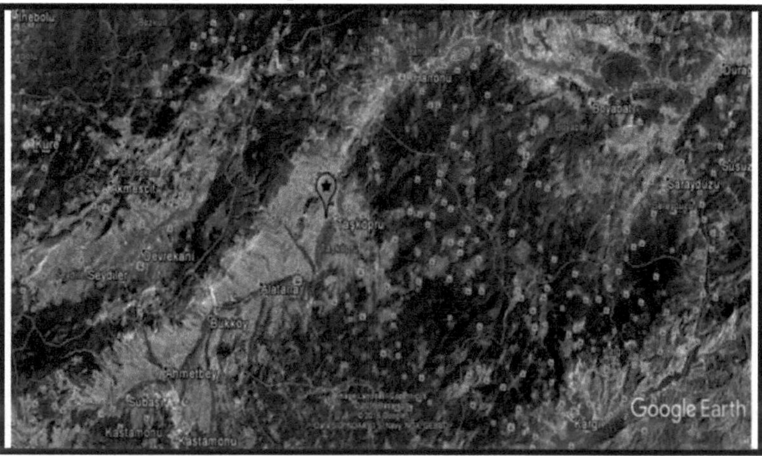

Figura 4.20 Distribuição do *neocornizeiro Cheiroseius* (Oudemans) na província
de Kastamonu

4.2.2 Família: Macrochelidae (Vitzthum), 1930 (Mesostigmata: Acariformes)

A família Macrochelidae hospeda um grande número de espécies de ácaros
encontrados na matéria orgânica, especialmente estrume, carniça, composto e
folhas. Os ácaros Macrochelidae são espécies predadoras que se alimentam de
pequenos artrópodes, ácaros e especialmente dos ovos e larvas de moscas nestes
habitats. Esta família inclui 20 gêneros e cerca de 480 espécies em todo o mundo
(Halliday 2000, Masan 2003). No entanto, apenas 21 espécies foram identificadas
na Turquia Família Macrohelid (Uzbek e Bal, 2013 Ozbek et al. 2015).
Foram identificadas duas espécies do gênero Macroheles, pertencentes à família
Macrohelidae.

4.2.2.1 Género: *Macrocheles* (Latreille), 1829

Habitats de ácaros pertencentes ao gênero *Macrocheles; É* constituído por
floresta, pântano, solo, poeira, esterco, capim seco, madeira podre, carcaças de
animais e granjas avícolas. As espécies mais comuns adaptaram-se à vida em
vários resíduos e lixo para fins de alimentação. Estes ácaros também podem ser
vistos em alguns insetos, roedores, aves e alguns mamíferos, assim como em
abelhas Bombus (Girgin et al. 2006). No estudo, foram determinadas as espécies
Macrocheles glaber (Muller) e *Macrocheles subbadius* (Berlese) pertencentes a
este género.

4.3.2.1.1 Espécie: *Macrocheles glaber* (Muller), 1860

Sinônimo: *Holostaspis glabra* Muller, 1860 (Masan 2003).

Definição: Largura: 552,56 ± 8,22 (483,41-664,23), Altura: 879,51 ± 6,03 (832,35924,80) (n: 5). Placa dorsal: 815-915 pm de comprimento, 490-570 pm de largura. A placa peritrem é longa. A parte fixa da quelícera é mais comprida que a parte móvel e é desdentada (Figura 4.21).

A placa dorsal é constituída por 28 pares de cetanos, na sua maioria cetanos lisos e cetanos tipo agulha. (r4) está ao nível da seta e é decorada com pontos de malha de forma oval. As sedas dorsais de j1, j4, z4 são cobertas com pequenos fios de cabelo e j5 seta com fios proeminentes. Outras setas são retas e em forma de agulha. A placa esterna é normalmente padronizada (Ozbek et al.2015).

Distribuição Mundial: É uma espécie cosmopolita espalhada por todo o mundo (Masan 2003).

Registos da Turquia: Cobanoglu e Kirgiz (2001), relataram primeiro Foreticly, como ácaros.

Girgin et al. (2006) relataram a relação táctica de *M. Glaber* com Bumblebees.

Turkey Distribution: pode ser encontrado em quase qualquer parte do país (Giri§gen et al., 2006).

Habitats: Áreas florestais, pântanos, solo, poeira, estrume, capim seco, madeira podre, carcaças de animais e explorações avícolas (Ozbek et al.2015).

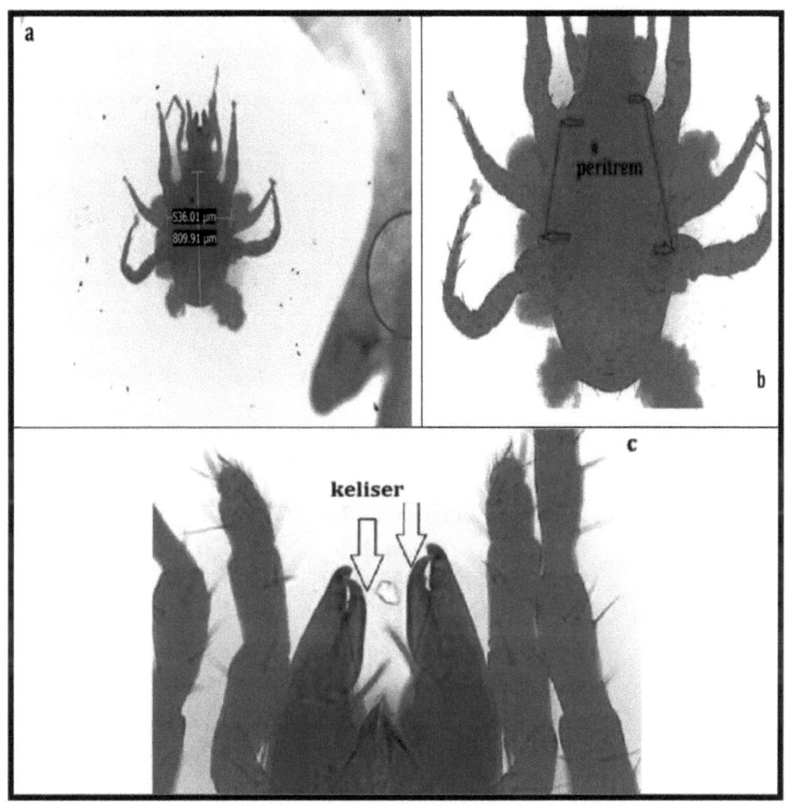

Figura 4.21 *Macrocheles glaber* (Muller); a: adulto (x10), b: peritrem (x40), c: keliser (x40)

Figura 4.22 Distribuição de *Macrocheles glaber* (Muller) na província de Kastamonu

4.3.2.1.2 Espécie: *Macrocheles subbadius* (Berlese), 1904

Sinônimo: *Holostaspis subbadius* Berlese, 1904 (Halliday 2000).

Definição: Largura: 484,94 ± 6,16 (428,20-539,02), Altura: 729,05 ± 4,56 (695,-27774,64) (n: 3). A placa ventral é frequentemente decorada com padrões e estruturas em forma de pontos. A placa ventrional tem a forma de uma cúpula. Há 3 setas genitais (Figura 4.23). Placa dorsal; É 630-690 pm no comprimento, 360-410 pm na largura e (r4) ceta nível. É rectangular e tem 28 pares de sedas lisas em forma de agulha. A seta (j1) é curta. Genu IV consiste em 7 setas (Halliday 2000).

Distribuição Mundial: É uma espécie cosmopolita espalhada por todo o mundo (Halliday 2000, Masan 2003).

Registros da Turquia: em nosso país foram determinados pela primeira vez o Uzbek et al. (2015) em Kelkit Valley.

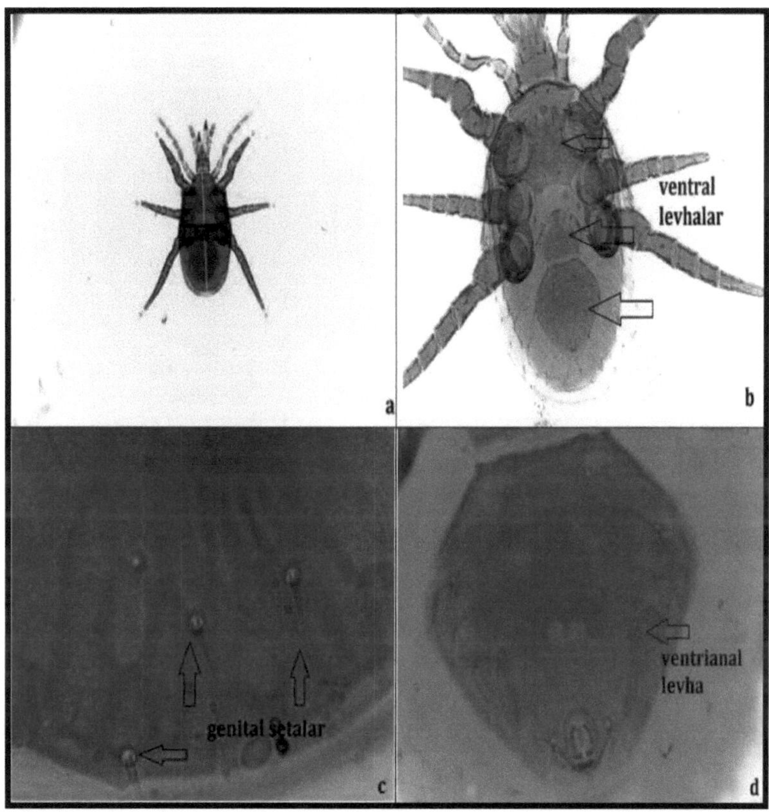

Figura 4.23 *Macrocheles subbadius* (Berlese); a: fêmea adulta ($) (x10), b: placas ventrais (x10), c: cetas genitais (x10), d: placa ventrional (x100)

Figura 4.24 Distribuição de *Macrocheles subbadius* (Berlese) na província de Kastamonu

4.2.3 Família: Laelapidae (Berlese), 1892 (Mesostigmata: Acariformes)

Os Laelapidae são uma das famílias mais importantes da subordem Acari, sendo a maioria deles predadores e ectoparasitas de vertebrados. Os ácaros da família Laelapidae; pequenos mamíferos, especialmente roedores e marsupiais, são espécies ectoparasitárias. 35 espécies de mamíferos pertencentes a esta família são ectoparasitas, 10 gêneros são predadores de vida livre no solo e 43 gêneros estão associados a espécies de artrópodes (Liljesthrom e Lareschi 2001). Neste estudo, foram determinadas 3 espécies do gênero *Hypoaspis* e 1 espécie do gênero *Androlaelaps* pertencente à família Laelapidae.

4.2.3.1 Gênero: *Hypoaspis* (Canestri), 1884

Ácaros do gênero *Hypoaspis*; Têm 1mm de comprimento, cor marrom e ácaros predadores. São de cor branca durante a larva e o 1° estágio da ninfa. O ácaro tem pernas longas e um idiossoma dorsal largo e peludo. Em condições adequadas, os períodos de desenvolvimento são de 17-18 dias. A placa esterna da fêmea é geralmente mais comprida do que a sua largura. A placa genital é alongada e tem a forma de um balão (Bayram e Qobanoglu 2005). As espécies pertencentes ao gênero *Hypoaspis*, que está entre os ácaros do solo, são consideradas como importantes fatores de guerra biológica no combate às espécies de insetos e ácaros. Também é relatado que estas espécies se alimentam de ovos e larvas de moscas. Além disso, as espécies pertencentes ao gênero *Hypoaspis* são utilizadas especialmente em estufas, para combater os estágios de preparação e pupa que os tripes passam no solo (Hiroshi 2009). No âmbito do estudo, foram determinadas as espécies *Hypoaspis aculeifer* (Canestrini), *Hypoaspis brevipilis* (Hirschmann) e *Hypoaspis praesternalis* (Willmann) pertencentes ao gênero Hypoaspis.

4.2.3.1.1 Espécie: *Hypoaspis aculeifer* (Canestrini), 1884

Sinônimo: *Geolaelaps aculeifer* Canestrini, 1883 (Casanueva 1993).

Definição: Largura: 367,83 ± 0,57 (267,45-424,38), Altura: 616,19 ± 0,92 (450,61716,19) (n: 10). O ácaro adulto é de cor marrom claro. Não pode ser visto a olho nu. É pálido e pequeno no seu período jovem. O seu corpo é esguio com uma placa dorsal brilhante. A placa dorsal tem uma forma redonda. Tem espinhos nas suas pernas. Espermatodactas são encontradas em indivíduos do sexo masculino. O peritrem é longo (Figura 4.25, Figura 4.26).

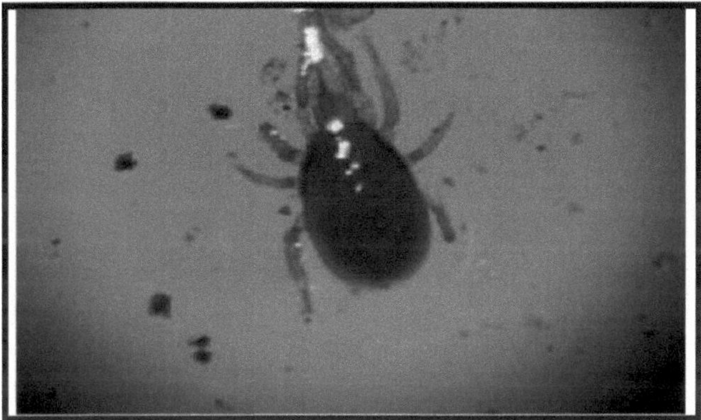

Figura 4.25 Vista ao vivo da *Hypoaspis aculeifer* (Canestrini) (Cilbircioglu-original)

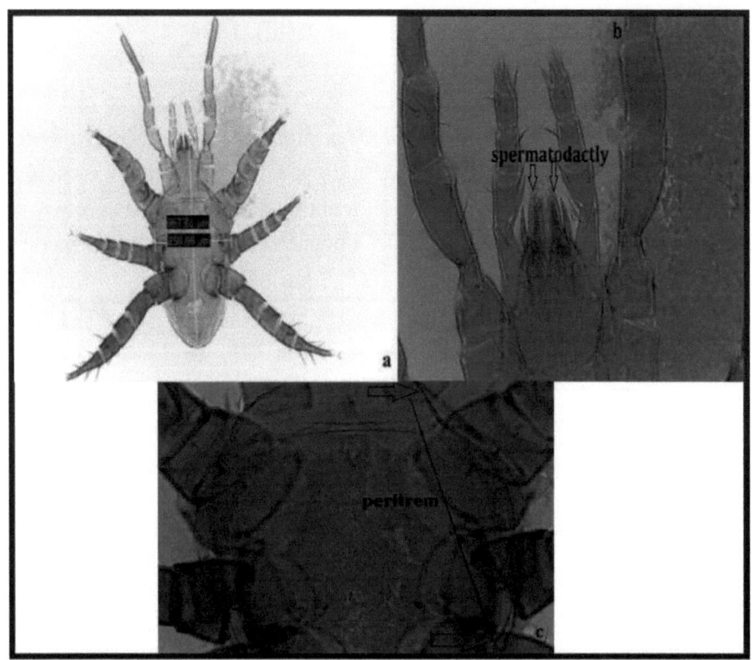

Figura 4.26 *Hypoaspis aculeifer* (Canestrini); a: visão ventral de adulto (x10) b: gnathosoma, c: pertitrem

Estes ácaros são predadores de ácaros e nematódeos nocivos, especialmente de cebolas e tubérculos. São mestres caçadores que podem mover-se rapidamente sobre a superfície, têm a capacidade de escalar vários obstáculos e caçar gananciosamente (Casanueva 1993).

Distribuição Mundial: É uma espécie cosmopolita espalhada por todo o mundo (Figura 4.27).

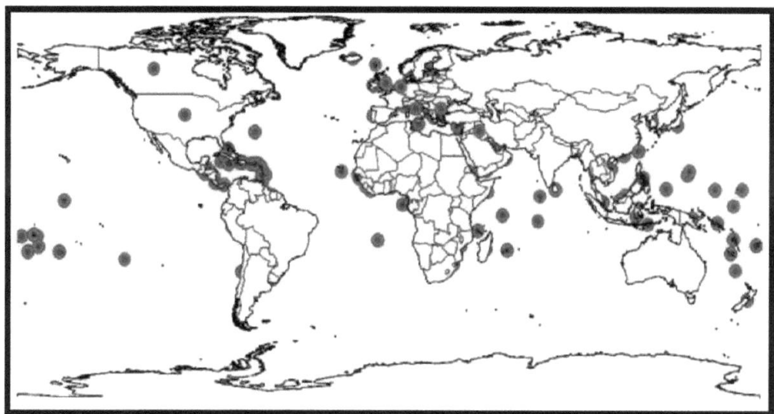

Figura 4.27 Espalhamento da *Hypoaspis aculeifer* (Canestrini) no mundo (Anónimo 2016h).

Registos da Turquia: o cultivo de cogumelos na Turquia, gladiyol e espécies fúngicas na natureza é relatado que a detecção de H. aculeifer (Cobanoglu e Bayram 1998; Cobanoglu 2001).

H. aculeifer foi encontrada como a espécie mais comum em um estudo sobre flores bulbosas (Bayram e Cobanoglu 2006).

Kilig et al. (2012) identificaram H. aculeifer em áreas de cultivo de cebola na província de Izmir.

Distribuição de Turquia: É vista em quase todo o país (Kilic et al. 2012).

Habitats: Pimenta, orquídea, begónia, ciclame, freesia, tulipa, narciso e viveiros de plantas, hortícolas (melancia, tomate, beringela, pepino) (Hiroshi 2009).

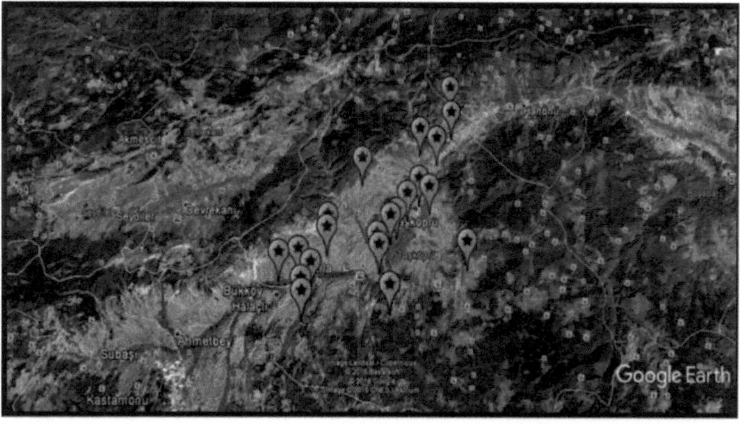

Figura 4.28 Distribuição da *Hypoaspis aculeifer* (Canestrini) na província de

4.2.3.1.2 Espécie: *Hypoaspis brevipilis* (Hirchmann), 1969

Sinônimo: *Geolaelaps brevipilis* Hirschmann, 1969 (Ma vd. 2008).

Definição: Largura: 251,23 ± 0,31 (217,81-318,85), Altura: 450,11 ± 0,42 (422,61567,84) (n: 10). A placa dorsal cobre completamente o dorso e é composta por 37 pares de sedas. Os setas dorsais são curtos e simples. A parte móvel da quelícera tem 2 partes, a parte fixa é dentada. O 2°, 3° e 4° par de patas são cobertos com pêlos grandes (Figura 4.29).

A placa esternal tem 3 pares de sedas e 2 pares de poros. O Peritrem estende-se até ao local onde se encontra a coxa I (Ma et al. 2008).

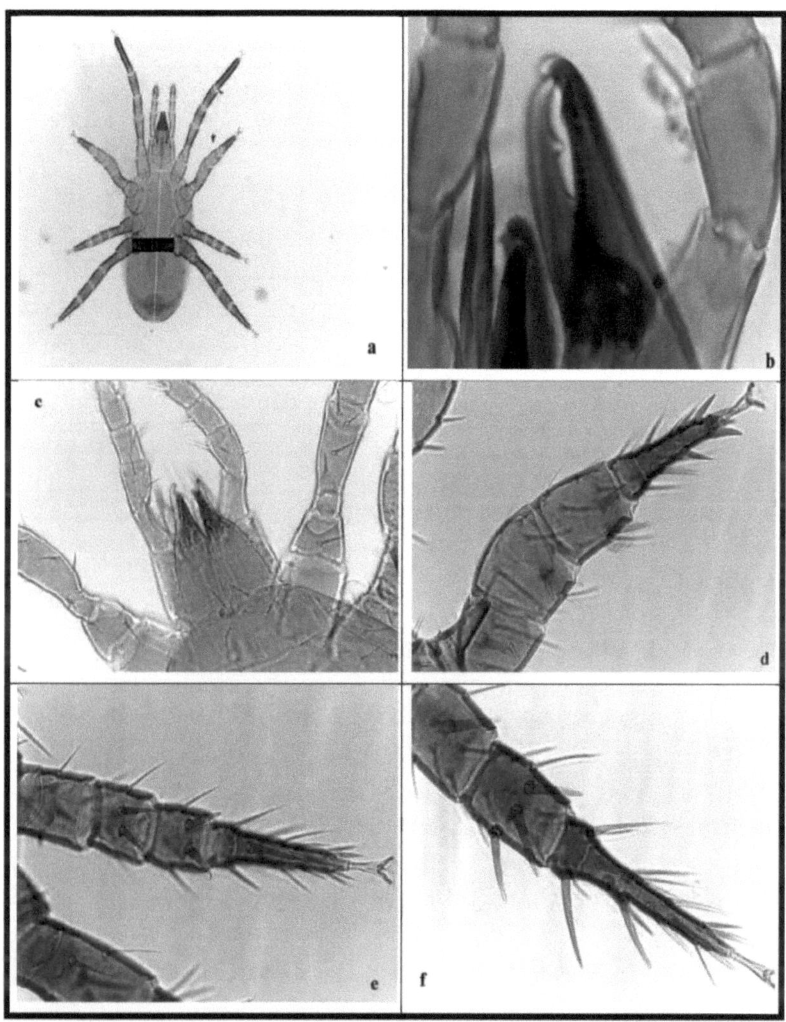

Figura 4.29 *Hypoaspis brevipilis* (Hirschmann); a: fêmea adulta ($) (x10), b: quelícera (x100), c: espermatodáctilo (x100), d: 2º par de pernas (x40), e: 3º par de pernas (x40), f: 4º par de pernas (x40)

Distribuição Mundial: Europa Central (Ma et al. 2008).

Registos da Turquia: Bayram e Qobanoglu (2005), Kilig et al. (2012)

Distribuição da Turquia: Ankara, Izmir (Kilic et al. 2012).

Habitats: *Dahlia hybrida, Galanthus elwesii, Narcissus pseudonarcissus* (Ma et

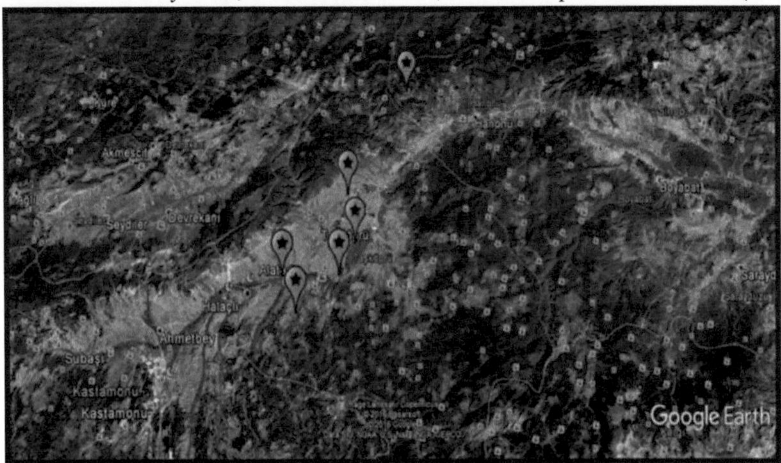

Figura 4.30 Distribuição de *Hypoaspis brevipilis* (Hirschmann) na província de Kastamonu

4.2.3.1.3 Espécie: *Hypoaspispraesternalis* (Willmann), 1949

Sinônimo: *Geolaelaps praesternalis* Willmann, 1949 (Beaulieu 2009).

Definição: Largura: 234,11 ± 0,32 (177,68-297,68), Altura: 429,18 ± 0,32 (358,58483,02) (n: 10). O peritrem é alongado longitudinalmente e para além da segunda perna. A parte móvel da quelícera tem quase o mesmo comprimento que a parte fixa e é dentada. Não há nenhum dente na parte fixa. 4. Há pêlos em forma de espinhos nas pernas duplas. As placas epiginais e anais estão bem separadas. A placa ventricular tem a forma de uma cúpula (Figura 4.31).

A seta marginal idiosomal é apontada. As placas esternais não são fundidas com placas esternais (Beaulieu 2009).

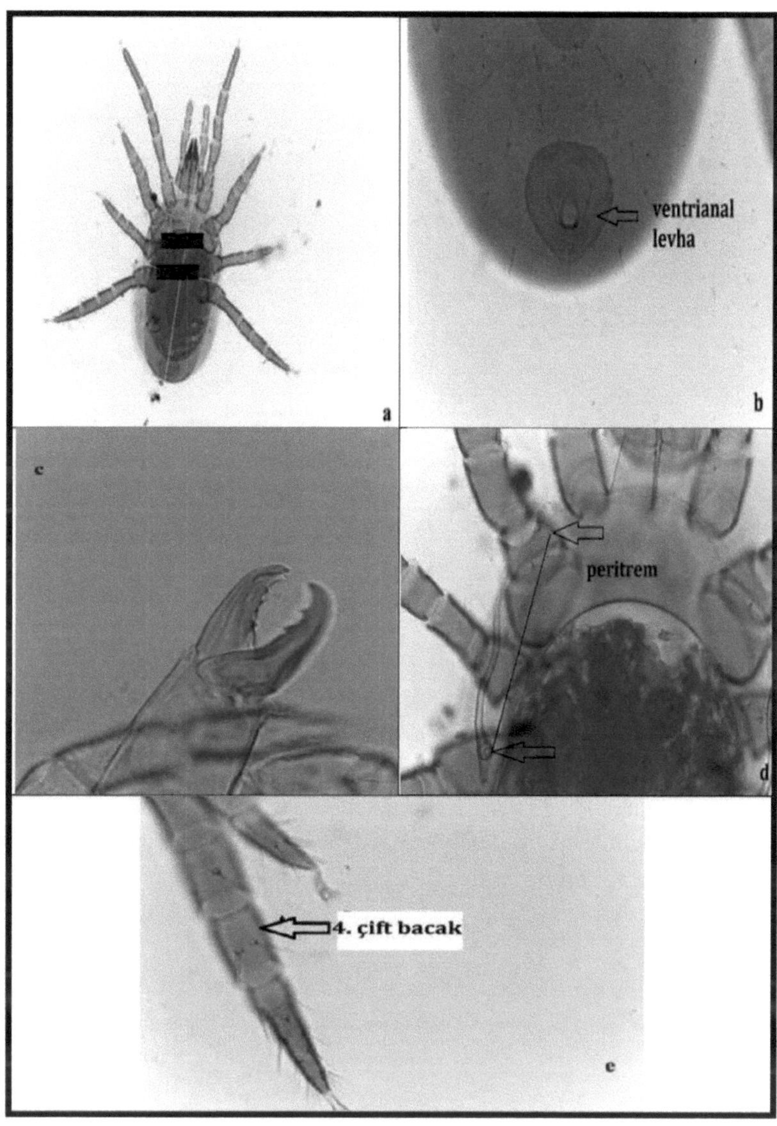

Figura 4.32 *Hypoaspis praesternalis* (Willmann); a: adulto (x10), b: placa ventrional (x40), c: quelícera (x40), d: pertirem (x40), e: 4° par de pernas (x40)

Distribuição Mundial: Europa (Salmane 1999).

Registos da Turquia: Urhan e Ozmen (2008), *H. praesternalis* de terras no distrito, por exemplo, identificaram Buldan em Denizli.

Distribuição de Turquia: Denizli (Urhan e Ozmen 2008).

Habitats: Amostras de solo (Salmane 1999).

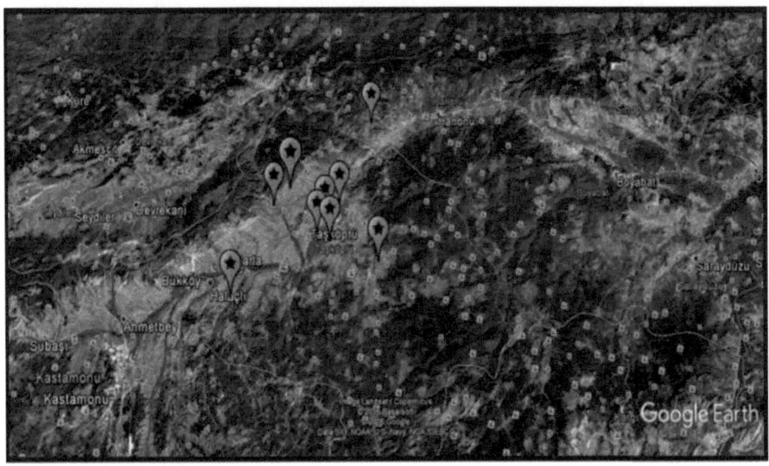
Figura 4.33 Distribuição do *Hypoaspispraesternalis* (Willmann) na província de Kastamonu

4.2.3.2 Género: *Androlaelaps* (Berlese), 1903

Este género é constituído por espécies predadoras de microartrópodes. Genu IV consiste de 10 sedas em adolescentes e está presente a seta póstero-lateral (p1). Pilus dentilis é longo e forte. A quelícera da fêmea é forte (Basha e Yousef 2001).

4.2.3.2.1 Espécie: *Androlaelaps casalis* (Berlese), 1887

Sinônimo: *Iphis casalis* Berlese, 1887 (Barker 1968).

Definição: Largura: 482,17 gm, Comprimento: 720,55 gm (n: 3). A Keliser tem uma estrutura sólida. Pilus dentilis é longo e forte. O peritrem é longo e proeminente. Placa venturiana, forma triangular (Figura 4.34).

Genu IV consiste em 10 sedas em adolescentes e está presente a seta posterolateral (p1) (Barker 1968).

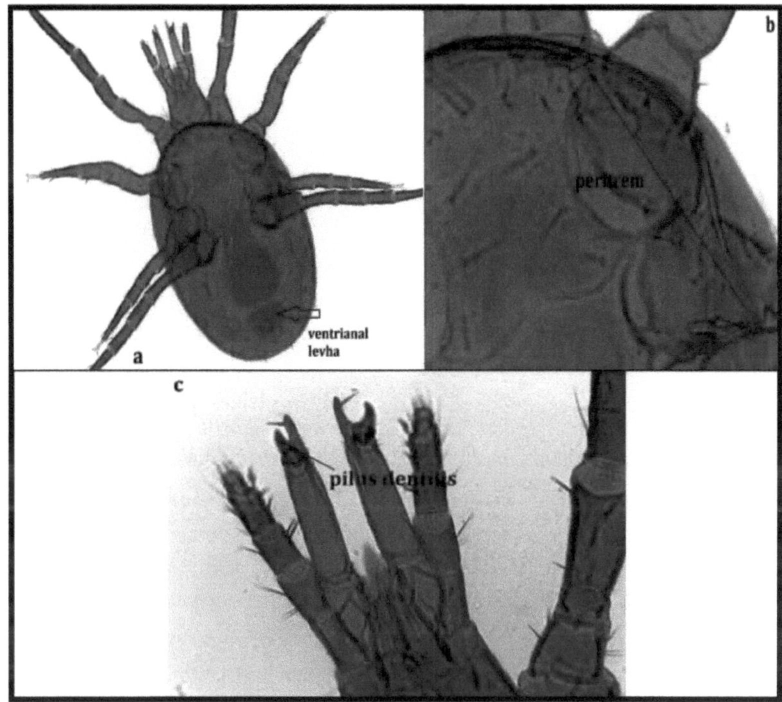

Figura 4.35 *Androlaelaps casalis* (Berlese); a: placa ventrional (x10), b: peritrem (x40), c: pilus dentilis (x40)

Distribuição Mundial: Alemanha, Andorra, Austrália, Áustria, Reino Unido, Dinamarca, França, Itália, Chipre, Lituânia, Luxemburgo, Malta, Moldávia, Mónaco, Portugal, Roménia, São Marino, Vaticano, Nova Zelândia (Ranendra e Kawamoto 1990).

Registos da Turquia: Ozer et al. (1989). Eniekci e Toros (2000) identificaram *Androlaelaps casalis* em produtos armazenados em izmir.

Distribuição da Turquia: Izmir (Eniekci e Taurus, 2000).

Habitats: *A. casalis* é o predador geral de *Tyrophagus putrescentiae, Glycyphagus domesticus* e *Blattisocius keegani*. É também um predador que se alimenta de outros ácaros e pequenos invertebrados. Também se alimenta de ácaros parasitas como *Androlaelaps casalis, Dermanyssus gallinae* (Hughes 1976).

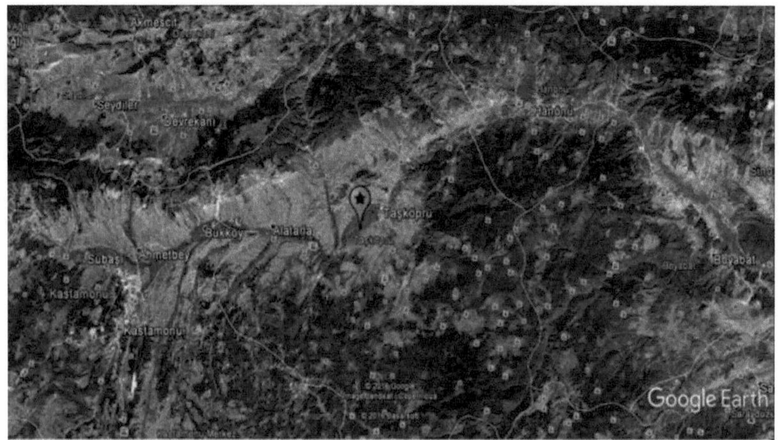

Figura 4.36 Distribuição de *Androlaelaps casalis* (Berlese) na província de Kastamonu

4.2.4 Família: Parasitidae (Oudemans), 1901 (Mesostigmata: Acariformes)

A família Parasitidae é a família dos ácaros predadores pertencentes à ordem dos Mesostigmas, que se distribui pelo mundo inteiro. São relativamente grandes em ácaros, muitas vezes de cor que varia do amarelo ao marrom escuro. Estas espécies são predadoras de microartrópodes e nematódeos, incluindo ácaros como um todo. Esta família é composta por 2 subfamílias, 29 gêneros e cerca de 400 espécies.

Os membros da subfamília de Pergamasinae são geralmente encontrados no solo e as espécies de aves não são vistas nesta subfamília. Existem 9 gêneros desta subfamília.

Os membros da subfamília Parasitinae residem normalmente nos ninhos de pequenos animais e insectos ou em matéria orgânica que se decompõe do musgo ao lixo florestal e é constituída por 20 géneros. Estes ácaros são dispersos pela sua foresis apenas no período da deutoninfa. O gênero Parasitellus está associado ao Bumblebees.

Uma espécie do gênero *Parasitus* pertencente à subfamília Parasitina foi identificada a partir desta família.

4.2.4.1 Género: Parasitus (Latreille), 1795

Espécies deste gênero são encontradas em esterco, adubo e outras matérias orgânicas degradadas. A maioria delas tem uma ampla área geográfica. Há também registros em ninhos de abelhas, especialmente *Parasitus fimetorum* (Berlese) (Karg 1993).

No estudo, apenas uma espécie de Parasitus fimetorum (Berlese) pertencente a este gênero foi detectada.

4.2.4.1.1 Espécie: *Parasitus fimetorum* (Berlese), 1904

Sinônimo: *Gamasus fimetorum* Berlese, 1904; *Gamasus posticatus* Banks, 1910; *Parasitus (Coleogamasus~) fimetorum* Tichomirov, 1977; *Phorytocarpais fimetorum:* Hennesey e Farrier, 1988 (Karg 1993).

Definição: Largura: 342,33 ± 0,66 (274,51-484,17), Altura: 543,05 ± 1,15 (428,14

763.65) (n: 10). Placa dorsal dividida em duas. Peritrem é fina e comprida. A parte superior da placa anal e a extremidade do idisoma estão cobertas com pêlos alongados (Figura 4.37).

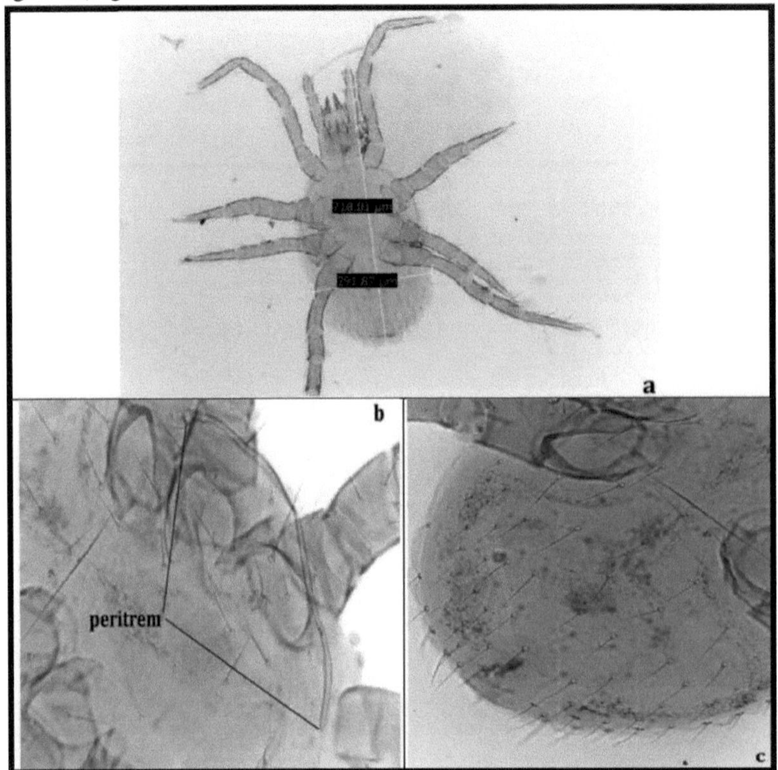

Figura 4.37 *Parasitus fimetorum* (Berlese); a: adulto (x10), b: peritrem (x40), c: fim do corpo (x40)

Há 8 pares de sedas na placa do opistogaster. Os adultos têm partes iguais de corniculus e o tectum consiste em dentes longos e finos (Pakyari et al. 2006).

Distribuição Mundial: É uma espécie cosmopolita. EUA, Canadá, Holanda, Bélgica, Alemanha, Áustria, Austrália, Suécia, Itália, Polónia, Rússia, Irão, China (Pakyari et al. 2006).

Registos da Turquia: Kilig et al. (2012) relataram que *P. fimetorum* é uma das espécies predadoras mais importantes nas áreas de cultivo de cebola na província de izmir.

Cobanoglu e Kumral (2014) reportaram *P. fimetorum* em tomateiro nas províncias de Ankara, Bursa e Yalova.

Kumral e Cobanoglu (2015b) identificaram *P. fimetorum* nas áreas de cultivo de berinjelas da província de Bursa.

Distribuição da Turquia: Ankara, Bursa, Istambul, Izmir (Brown e Cobanoglu 2015BM).

Habitats: Este ácaro é um dos predadores mais importantes das espécies de ácaros que danificam as cebolas e tubérculos. Estrume, vegetação em decomposição, ninhos subterrâneos de pequenos mamíferos, ninhos de aves e colmeias são habitats (Hyatt 1980).

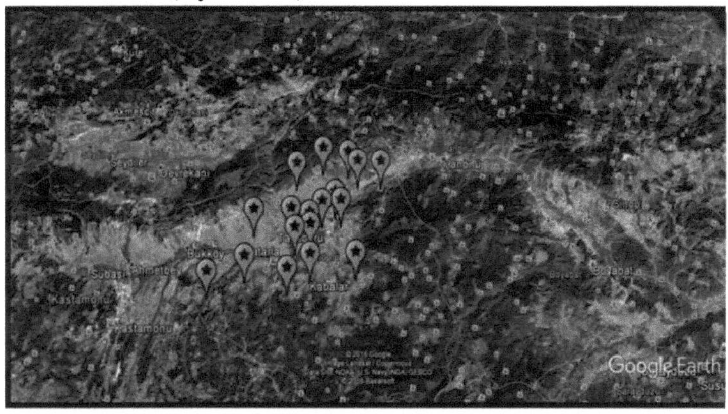

Figura 4.38 Distribuição do *Parasitus fimetorum* (Berlese) na província de Kastamonu

4.2.5 Família: Eviphididae (Berlese), 1913 (Mesostigmata: Acariformes)

Cerca de 80 espécies pertencentes a 15 gêneros da família Eviphididae foram identificadas até agora. A cor do corpo adolescente varia de amarelo, marrom a rosa vivo, e o corpo consiste em 25-30 pares de sedas holodorsais. A placa dorsal está completa. A placa esternal consiste em 3 pares de sedas. Tibia I e Genu I consistem em uma (al) setae. O ânus está localizado numa pequena placa anal composta por 3 pares de setas (Christie 1983).

Foi identificada uma espécie pertencente ao gênero *Alliphis,* da família Eviphididae.

4.2.5.1 Género: *Alliphis* (Halbert), 1923

No estudo, foi determinada uma espécie de *Alliphis halleri* (Canestrini & Canestrini) pertencente a este gênero.

4.3.5.1.1 Espécie: *Alliphis halleri* (Canestrini & Canestrini), 1881

Sinônimo: *Gamasus halleri* Canestrini, 1881 (Christie 1983).

Definição: Largura: 288,37 ± 0,43 (219,97-349,18), Altura: 439,25 ± 0,61 (335,01511,03) (n: 10). Placa dorsal; Tem forma de ovo, cor amarelada e carrega 30 pares de sedas curtas. A placa esternal é tão larga quanto o seu comprimento e carrega três pares de sedas. O espermatodato é altamente desenvolvido e em forma de folha. O tectum é triplo e sua segunda protrusão é em forma de espada. A largura da placa anal é maior do que o seu comprimento. A placa genital é longa e larga, o pêlo genital é mais baixo que a parte média da placa genital e nas bordas externas da placa (Figura 4.39).

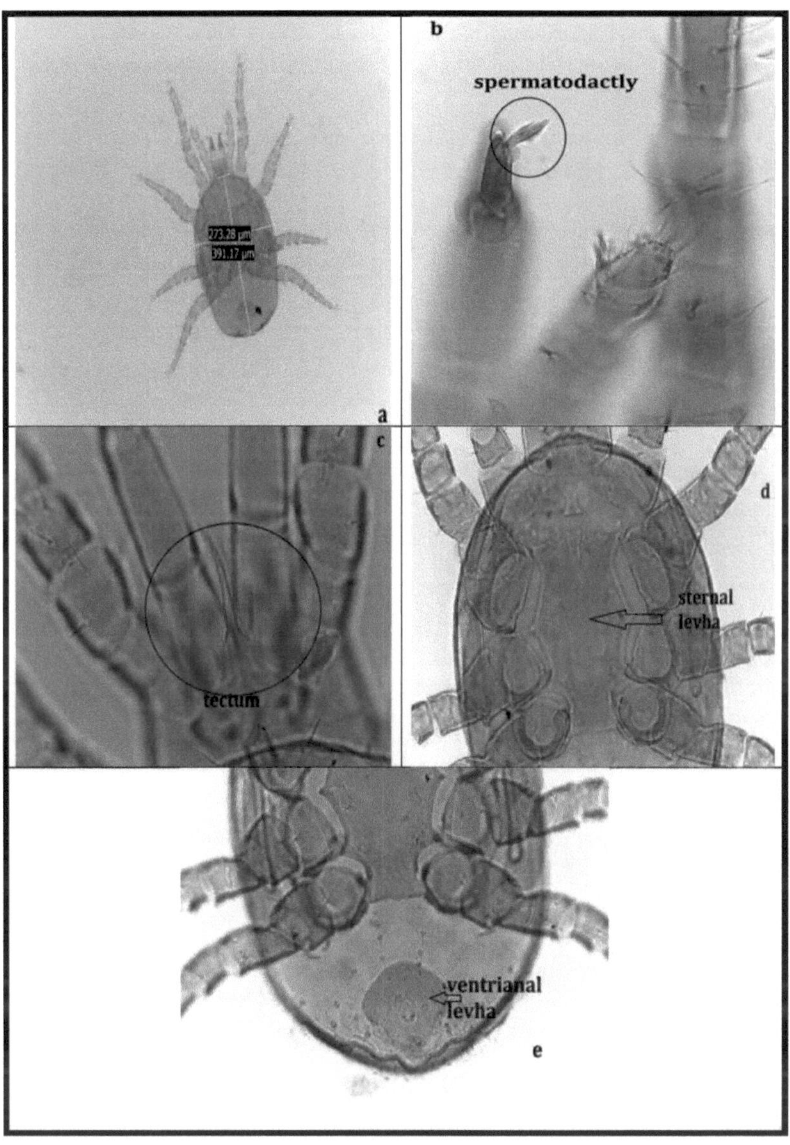

Figura 4.39 *Alliphis halleri* (G. & R. Canestrini); a: fêmea adulta ($) (x10), b: espermatodactamente (x100), c: tectum (x100), d: placa esternal (x40), e: placa ventriana (x40)

Há um padrão reticulado que não é muito óbvio. O (j 1) par de sedas é curto e anterior, a (r1) seta está na borda da placa dorsal. As placas peritremal são largas, arredondadas no dorso, recuadas para dentro e IV. Estende-se até o meio da cocca (Urhan e ipek 2007).

Distribuição Mundial: Alemanha, Holanda, Irlanda, Suécia (Christie 1983).
Registos da Turquia: Urhan e ipek (2007), identificaram pela primeira vez em Denizli em material orgânico.
Distribuição de Turquia: Denizli (Urhan e ipek 2007).
Habitats: Estrume, adubo, solo, matéria orgânica, detritos de árvores podres (Halliday 2008).

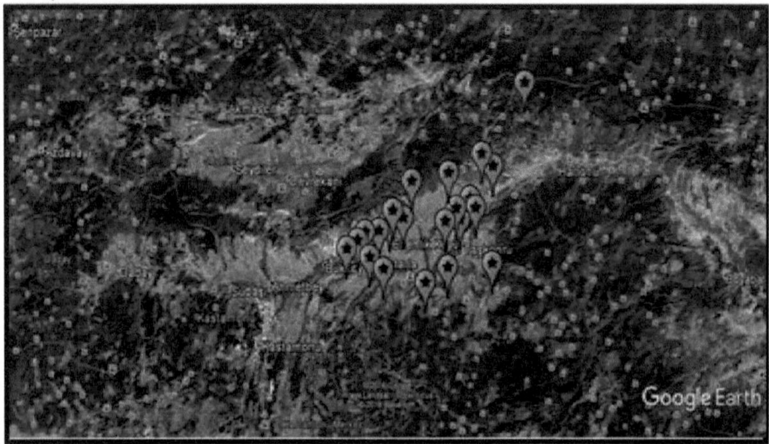

Figura 4.40 Distribuição de *Alliphis halleri* (G. & R. Canestrini) na província de Kastamonu.

4.2.6 Família: Veigaiidae (Oudemans), 1939 (Mesostigmata: Acariformes)

As espécies pertencentes a esta família não são parasitas, são predadores de vida livre, especialmente encontrados no solo e na matéria orgânica não apodrecida. Estes ácaros; vivem na superfície superior do solo em ninhos de formigas, aves e roedores, matéria orgânica em decomposição, musgo, partes de floresta em decomposição. Caçam sobretudo ovos ou larvas de pequenos insectos, espécies de pequenos ácaros, nemátodos e espécies de Collembola (Evans 1955).

O malae interno em adultos tem a forma de um bigode. Há 3 apetrechos de paloas presos à balança. As placas dorsais estão separadas ou profundamente abertas entre elas. A placa anal é independente da placa ventral (Karg 1993).

Neste estudo, foi determinada 1 espécie da família Veigaiidae do gênero Veigaia.

4.2.6.1 Género: Veigaia (Oudemans), 1905

Os ácaros de Veigaia são densamente encontrados em detritos florestais. A fim de se adaptarem às áreas florestais, os indivíduos machos com relativamente poucos números transformaram-se em gonopos de quelícera. O espermatodáctico, cada parte do qual é móvel, desenvolveu-se no campo da transferência de esperma com esta característica. No estudo, foi determinada a espécie *Veigaia planicola* (Berlese) pertencente a este género.

4.2.6.1.1 Espécie: *Veigaiaplanicola* (Berlese), 1892

Sinônimo: *Cyrtolaelaps nemorensis var. planicola* Berlese, 1892 (Karg 1993).

Definição: Largura: 299,69 ± 9,13 (190,41-458,33), Altura: 488,64 ± 12,20 (312,82804,11) (n: 10). A placa dorsal está separada. As placas ventral e genital estão disponíveis. A maleita interna tem o formato de um bigode. A parte central do tectum, fina e longa, é em forma de escova e está ligada à base por uma grande espinha dorsal. O peritrem é longo. O Keliser é bem desenvolvido e tem a forma de uma pinça. Há saliências em forma de dentes de serra na parte móvel. Existem algumas saliências espinhosas na parte fixa (Figura 4.41).

Os poros do órgão punctiforme estão sobre uma cutícula de membrana (Hurlbutt 1983).

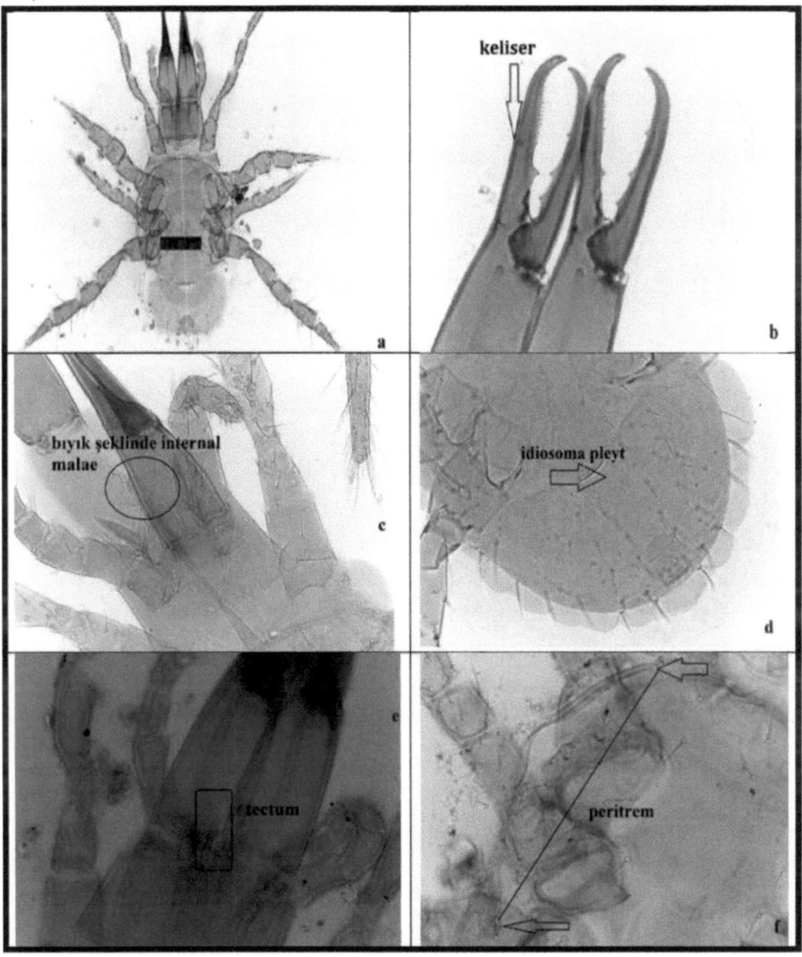

Figura 4.41 *Veigaia planicola* (Berlese); a: fêmea adulta ($) (x10), b: chelicerae

(x40), c: malae interna (x40), d: placa de idiossoma (x40), e: tectum (x40), f: peritrem (x40)

Distribuição Mundial: Europa, Ásia (Moraza et al. 2005).

Registos da Turquia: Bayram e Cobanoglu (2005), *V. planicola,* pela primeira vez em nosso país, relataram plantas ornamentais.

Ozman (2008) relatou *V. planicola* em Denizli em seu estudo.

Distribuição da Turquia: Ancara, Istambul (Ozmen 2008).

Habitats: Musgo, detritos florestais, camadas superiores do solo (Moraza et al. 2005).

Figura 4.42 Distribuição de *Veigaiaplanicola* (Berlese) na província de Kastamonu

4.2.7 Família: Phytoseiidae (Berlese), 1916 (Mesostigmata: Acariformes)

As espécies da família Phytoseiidae estão entre os predadores importantes. Além das espécies que se alimentam de ácaros como Tetranychid e Eriophyid, há também espécies que se alimentam de ovos de insetos pequenos, fungos e pó de pólen. São geralmente utilizados como agentes de controlo biológico na luta contra os ácaros nocivos. As espécies da família Phytoseiidae são os predadores naturais mais importantes dos Tetraníquidos. Algumas espécies de *Amblyseius* sp., *Typhlodromus* sp, e *Phytoseius* sp. foram relatadas como sendo capazes de controlar eficazmente a praga *Brevipalpus phoenicis* no chá (Oomen 1982, Qobanoglu 2004). Esta família; Está dividida em 3 subgrupos como Amblyseiinae, Phytoseiinae e Typhlodrominae.

Os cientistas dividiram a família Phytoseiidae em quatro classes, de acordo com as suas fontes alimentares. Tipo I, alguns ácaros nocivos incluem espécies predadoras especializadas; Tipo II, espécies caçadoras de tetraníquidos; Tipo III inclui espécies predadoras comuns e Tipo IV inclui espécies cuja principal fonte alimentar é o pólen (Faraji et al.2011).

Os indivíduos pertencentes a esta raça têm uma placa dorsal lisa. Na maioria das espécies em placa dorsal. Tem 16 pares de cerdas. II. Existem também pêlos sublaterais (Qobanoglu 1993a). Os setas dorsais s4, r3, Z4 e Z5 têm uma estrutura espessada e serrilhada. Em GeII (2º casal Há 7 setas no gênero da perna e 6 setas em GeIII (Papadoulis et al. 2009).

Durante o estudo, foram identificadas um total de 9 espécies pertencentes a esta família, 4 espécies pertencentes ao gênero *Neoseiulus,* 1 espécie pertencente a *Anthoseius* sp., *Euseius, Amblyseius, Proprioseiopsis* e *Transeius.*

4.2.7.1 Género: *Neoseiulus* (Hughes), 1948

O gênero *Neoseiulus é* o maior gênero da família Phytoseiidae, com 375 espécies espalhadas pelo mundo. Os membros deste gênero são encontrados em todas as regiões zoogeográficas, exceto na Antártica e em uma grande variedade de habitats. *Neoseiulus californicus* (McGregor), *Neoseiulus cucumeris* (Oudemans) e *Neoseiulus fallacis* (Garman) são produzidos em laboratório e utilizados como agente de controlo biológico (Prasad 2012).

A placa dorsal é reticulada. A forma da placa ventrional nas fêmeas pode ser muito diversa. O peritrem geralmente atinge j1. A maioria das espécies de queleras tem 3-4 dentes no dedo fixo. IV. Pode haver 0-3 macroceta em ambas as pernas, mas geralmente há 1 macroceta. É encontrada em todas as regiões geográficas excepto Antárctida (Easterbrook et al. 2001).

Durante o estudo, 4 espécies pertencentes ao gênero *Neoseiulus, Neoseiulus agrestis* (Karg), *Neoseiulus barkeri* (Hughes), *Neoseiulus bicaudus* (Wainstein) e *Neoseiulus marginatus* (Wainstein) foram identificadas.

4.2.7.1.1 Espécie: *Neoseiulus agrestis* (Karg), 1960

Sinónimo: *Amblyseius agrestis* Karg, 1960, *Neoseiulus aequisetus* Wainstein, 1962 Faraji vd. (2011).

Definição: Largura: 175,61 ± 3,37 (156,63-191,04), Altura: 263,58 ± 4,48 (228,-80293,85) (n: 10). Os adultos machos e fêmeas são de tamanhos diferentes, as fêmeas são maiores do que os machos. O corpo da fêmea tem 300 horas de comprimento. Tem 4 pares de patas. A cor do corpo é geralmente branca, às vezes a coloração vermelha pode ser vista devido à nutrição. Há 3-4 dentes no dedo fixo da quelícera. Há 1 macroceta no 4º par de patas (Figura 4.43). Espermatodactamente nos machos estão localizados nas quelicérides, não nas fêmeas. Nos machos as placas ventri anal e genital são fundidas, nas fêmeas são separadas (Abo-Shnaf e Moraes 2014).

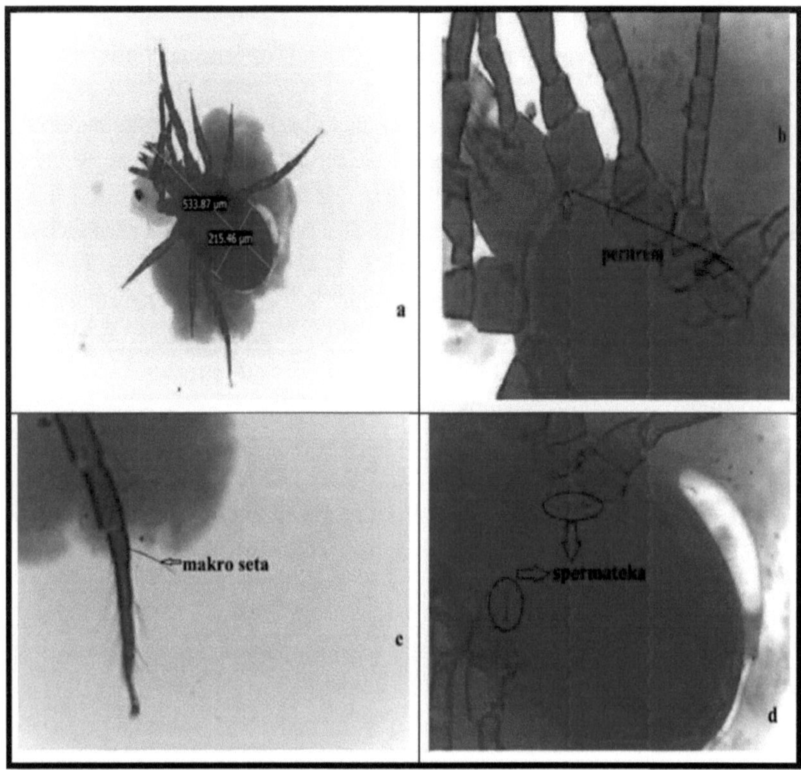

Figura 4.43 *Neoseiulus agrestis* (Karg); a: fêmea adulta ($) (x10), b: peritrem (x40), c: macro seta (x40), d: spermateca (x40)

Distribuição Mundial: É cosmopolita. EUA, Alemanha, República Checa, França, África do Sul, Holanda, Espanha, Suíça, Hungria, Moldávia, Lituânia, Quirguistão, Turquia, Rússia, Ucrânia, Grécia (Moraes et al. 2014).
Registos da Turquia: Faraji et al. (2011).
Distribuição de Turquia: Pode ser em quase qualquer parte do país (Faraji et al. 2011).

Figura 4.44 Distribuição de *Neoseiulus agrestis* (Karg) na província de Kastamonu

4.2.7.1.2 Espécie: *Neoseiulus barkeri* (Hughes), 1948
Sinónimos: *Amblyseius barkeri* Hughes, 1948; *Typhlodromus (Amblyseius) barkeri* Hughes, 1961; *Amblyseius mckenziei* Schuster & Pritchard, 1963; *Amblyseius usitatus* van der Merwe, 1965; *Amblyseius oahuensis* Prasad, 1968; *Amblyseius picketti* Specht, 1968; *Amblyseius mycophilus* Karg, 1970; *Amblyseius masiaka* Blommers & Chazeau, 1974 (Moraes vd. 2004).
Definição: Largura: 175,61 ± 3,37 (156,63-191,04), Altura: 263,58 ± 4,48 (228,-80293,85) (n: 10). O dedo fixo e o dedo móvel na quelícera são quase do mesmo tamanho. Enquanto há um dente pequeno no dedo móvel, há 3-4 dentes pequenos em direção à ponta, além da estrutura chamada pilus dentilis no dedo fixo. A placa esternal, que carrega três pares de pêlos no ventral, é plana, e as placas metasternal são proeminentes. O peritrem é longo. Spermatodactly, longo. Há 1 macroceta no 4° par de pernas (Figura 4.45).

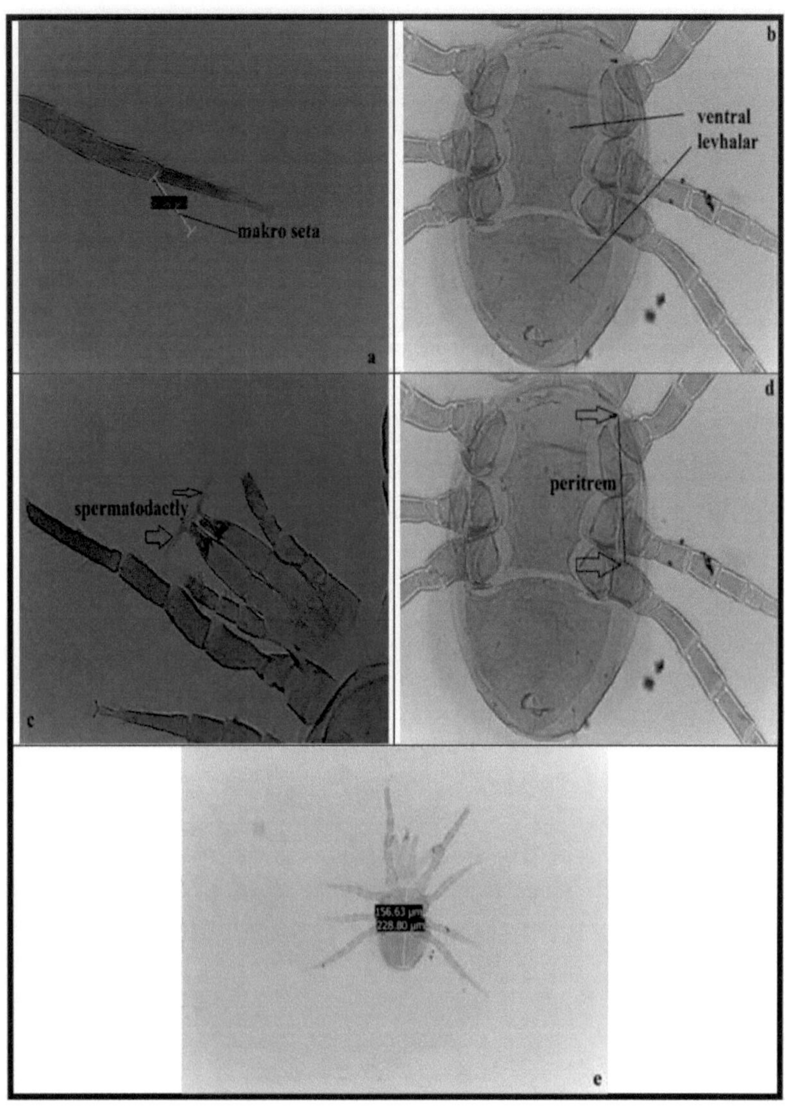

Figura 4.45 *Neoseiulus barkeri* (Hughes); a: macroceta (x40), (x10), b: placas ventrais (x40), c: espermatodactly (x40), d: peritrem (x40), e: fêmea adulta ($) (x10)

Distribuição Mundial: É uma espécie cosmopolita. Egito, Argentina, Austrália, Benin, Brasil, Burundi, Ilhas Canárias, Chile, China, Chipre, Inglaterra, Finlândia, França, Alemanha, Romênia, Gana, Grécia, Guiné, Ilhas Havaianas, Hisdistão, Irã, Israel, Itália, Japão, Jordânia, Quênia, Lituânia, Madagascar, Marrocos, Moçambique, Nigéria, Noruega, Omã, Portugal, Rússia, Arábia Saudita, Senegal, África do Sul, Coréia do Norte, Espanha, Suécia, Síria, Taiwan (Moraes et al.2004).

Registos da Turquia: *N. barkeri* na presença da Turquia foi apontado no primeiro exemplo de morangos de Adana (Swirs on e Amitai 1968).

Cobanoglu (1989) identificou *N. barkeri* em amostras de berinjelas no Antalya Center em seu estudo.

Kilig et al. (2012) relataram as espécies de ácaros mencionados na cebola na província de Izmir.

Cobanoglu e Kumral (2014) identificaram *N. barkeri* em áreas de cultivo de tomate nas províncias de Ankara, Bursa e Yalova.

Distribuição Turquia: Adana, Ankara, Bursa, Denizli, Istambul, Izmir (Cobanoglu e Brown 2014).

Habitats: *Espargos* sp, *Citrus* sp, *Juniperus* sp, culturas de cogumelos, prados e cevadas em germinação, estufas. N. barkeri sobrevive alimentando-se de ácaros nocivos, aranhas vermelhas, tripes, ácaro amarelo do chá e ovos de mosca branca e pólen de flores em produtos armazenados (Moraes et al. 2004).

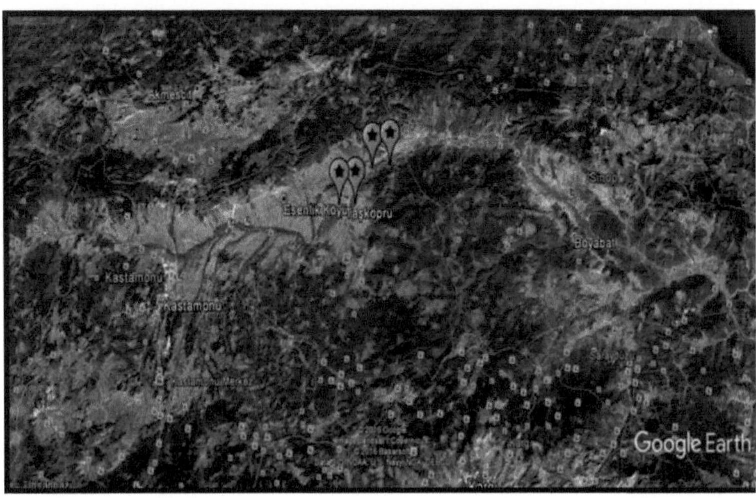
Figura 4.46 Distribuição de *Neoseiulus barkeri* (Hughes) na província de Kastamonu

4.2.7.1.3 Espécie: *Neoseiulus bicaudus* (Wainstein), 1962

Sinónimo: *Amblyseius bicaudus* Wainstein, 1962; *Typhlodromus bicaudus* Hirshmann, 1962 (Beard 2001).

Definição: Largura: 256,62 ± 0,30 (202,77-285,00), Altura: 408,55 ± 0,34 (353,04469,23) (n: 10). Peritrem é longo. Na quelicerae feminina, digitus mobilis tem um único dente e digitus fixsus tem três dentes. Existem quatro pares de cerdas no tegumento que rodeia a placa ventricular. Setaes S4, Z3, Z4 e Z5 são proeminentes. Há uma macroceta no 4° par de pernas (Figura 4.103).

Nas fêmeas, a placa dorsal é muito padronizada, como uma teia, e seu comprimento é (360-410) pm e sua largura é (198-225) pm. A placa ventricular é bastante grande, com padrões transversais, e contém três pares de pêlos pré-anais. No entanto, a placa ventriana é Spermateka é em forma de sino e seu colo uterino é endurecido (Qobanoglu 1993b).

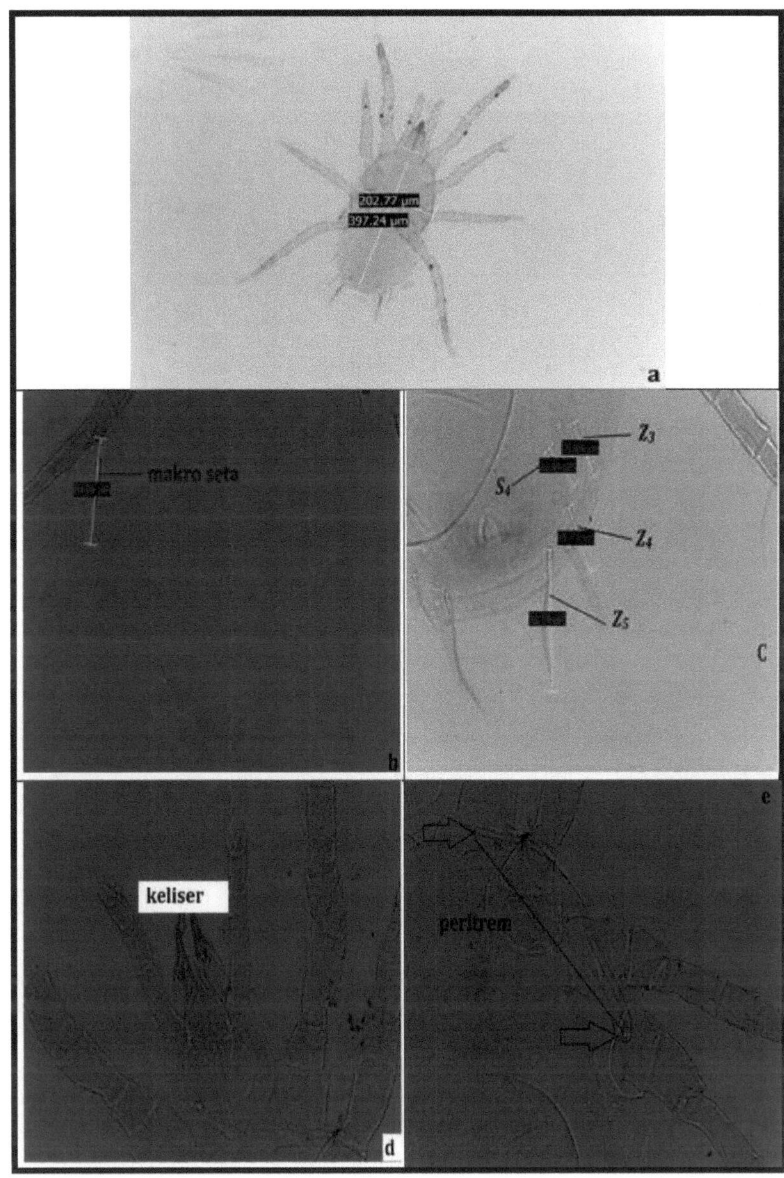

Figura 4.47 *Neoseiulus bicaudus* (Wainstein); a: fêmea adulta ($) (x10), b: macroceta (x40), c: ventri anal setalar (x40), d: chelicera (x40), e: peritrem (x40)

Distribuição Mundial: EUA, Arménia, França, Irão, Israel, Itália, Cazaquistão, Roménia, Lituânia, Moldávia, Montenegro, Noruega, Rússia, Arábia Saudita, Sérvia, Tajiquistão, Tunísia, Turquia, Ucrânia, Grécia, (Moraes et al. 2004).

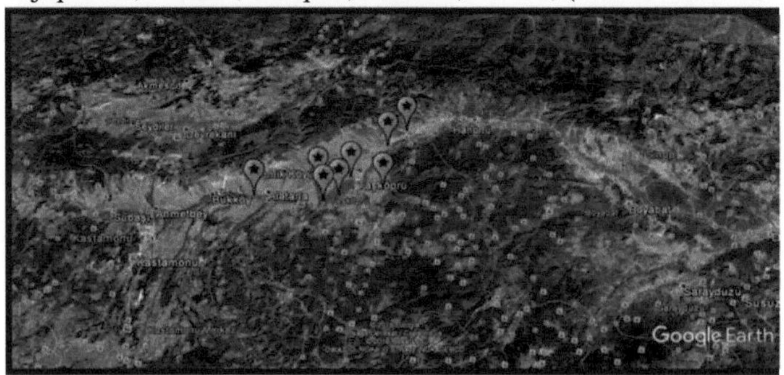

Figura 4.48 Distribuição de *Neoseiulus bicaudus* (Wainstein) na província de Kastamonu

4.2.7.1.4 Espécie: *Neoseiulus marginatus* (Wainstein), 1961

Sinónimos: *Tiflodromus marginatus* Wainstein, 1961; *Amblyseius polyporus* Wainstein, 1962; *Neoseiulus polyporus* Wainstein, 1962; *Neoseiulus subtilisetosus* Beglyarov, 1962; *Typhlodromus subtilisetosus* Beglyarov,1962 (Karg 1991).

Definição: Largura: 202,79 ± 4,78 (169,04-248,54), Altura: 344,97 ± 3,81 (326,-21367,90) (n: 10). Existem 7 solenóstomos na placa dorsal. A largura da placa dorsal é igual ao seu comprimento. Seta Z5 é mais comprida que JV5. As setas S4 e S5 são retas, sem serrilhas. Z4 é mais comprido que S5. Existem 7 setas em Genu II. Há 1 dente na parte móvel da quelícera. Há uma macro seta no 4° par de pernas (Figura 4.49).

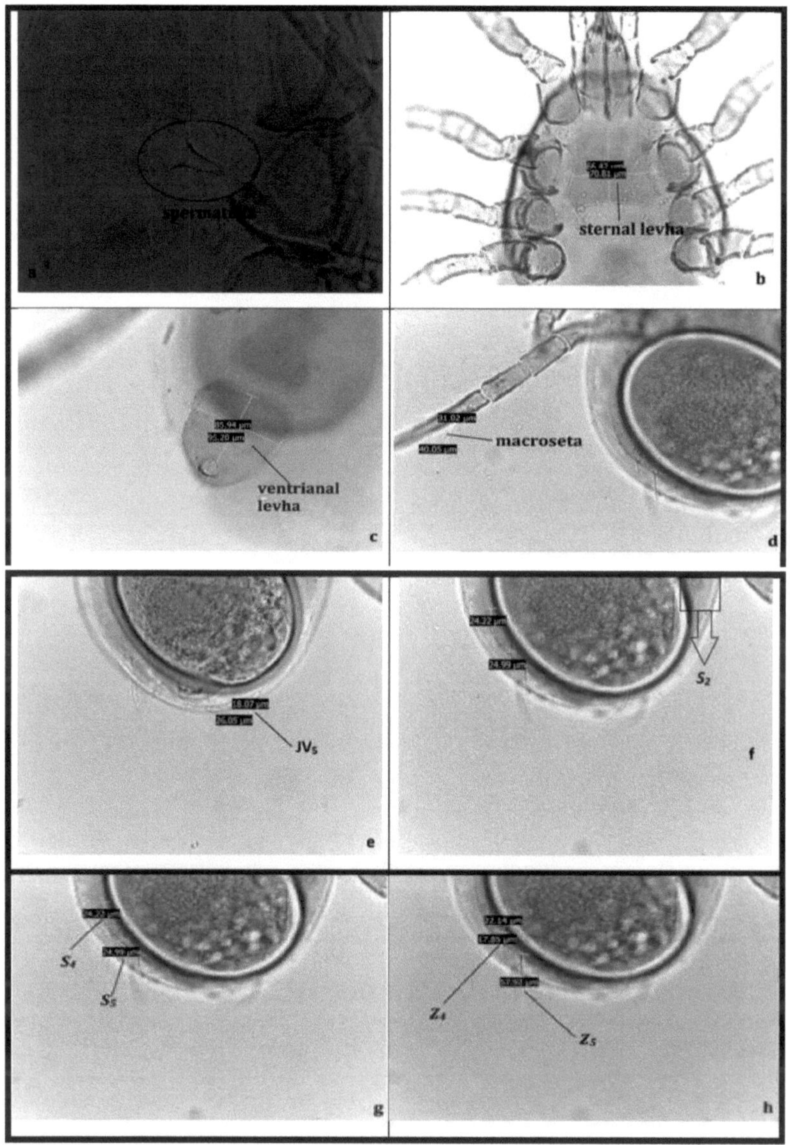

Figura 4.49 *Neoseiulus marginatus* (Wainstein); a: spermateka (x100), b: placa esternal (x40), c: placa anal ventri (x40), d: macro seta (x40), e: JV5 seta (x40), f: S2 seta (x40), g: S4 e S5 setas (x40), h: Z4 e Z5 setas (x40)

Distribuição Mundial: Azerbaijão, Argélia, Arménia, França, Geórgia, Irão, Israel, Hungria, Cazaquistão, Quénia, Lituânia, Moldávia, Rússia, Sérvia, Turquia, Turquemenistão, Ucrânia, Grécia (Moraes et al., 2004).

Registos da Turquia: Faraji et al. (2011), Kumral e Cobanoglu (2015a), Kumral e Cobanoglu (2015b).

Distribuição da Turquia: Ankara (Cobanoglu 2015).

Habitats: *Tulipa* bulbo, *Solanum nigrum, Datura stramonium* (Chant and McMurtry 2007).

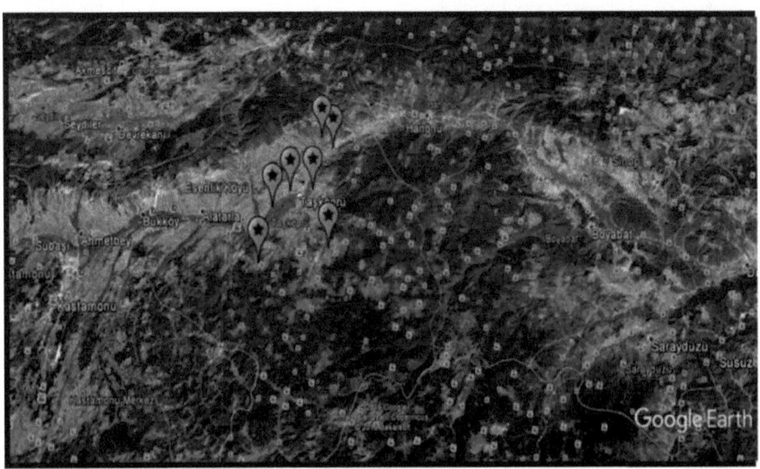

Figura 4.50 Distribuição de *Neoseiulus marginatus* (Wainstein) na província de Kastamonu

4.2.7.2 Género: *Anthoseius* (De Leon), 1959

O subgênero *Typhlodromus (Anthoseius)* é um dos maiores gêneros da família Phytoseiidae, com mais de 300 espécies conhecidas. A ausência de (Z1) setae e (S5) setae neste gênero é característica (Figura 4.51) (Chant and McMurtry 2007).

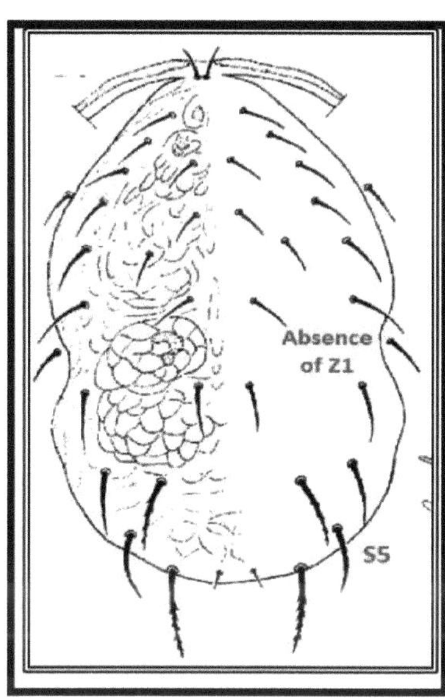

Figura 4.51 *Anthoseius* adulto feminino ($) vista dorsal (Anónimo 2017b).

Durante o estudo, *Anthoseius* sp. pertencente ao gênero Anthoseius reckii (Wainstein) foi identificado.

4.2.7.2.1 Género: Anthoseius recki (Wainstein), 1958

Sinônimo: *Typhlodromus georgicus* Wainstein, 1958 (Swirski e Amitai 1982).

Definição: Largura: 234,68 ± 1,06 (216,91-256,10), Altura: 342,85 ± 0,73 (326,26351,45) (n: 10). São indivíduos pequenos. Spermateka tem uma estrutura cilíndrica, os canais grandes e pequenos são proeminentes. Peritrem; Está sobre a placa de peritrem de aspecto lobado, a sua ponta estende-se até ao nível D3-Z2 (Figura 4.52).

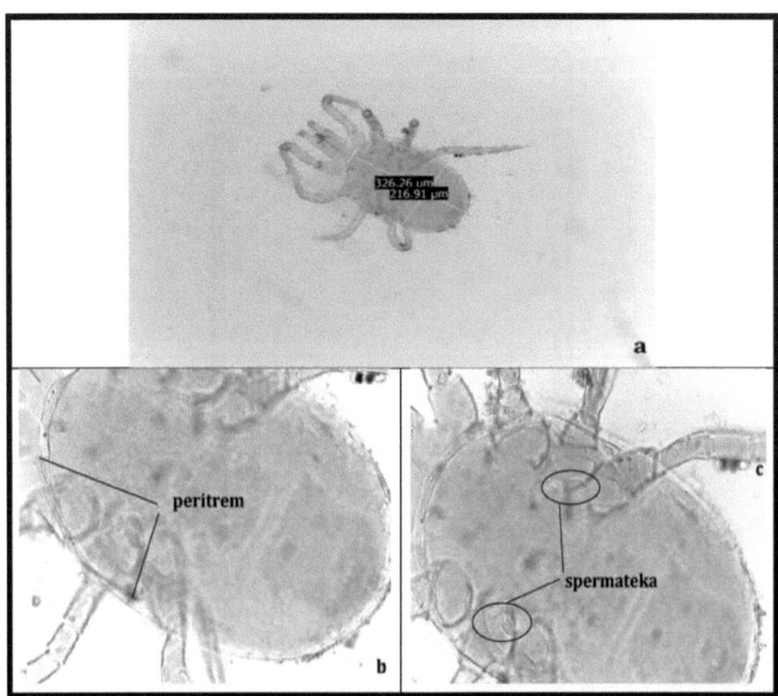

Figura 4.52 *Anthoseius reckii* (Wainstein); a: indivíduo adulto (x10), b: peritrem (x40), c: spermateca (x40)

A superfície dorsal da fêmea tem um padrão de malha mista, especialmente no pós-corte. Há pouco endurecimento. As sedas dorsais estão próximas uma da outra, exceto (Z5) e (Z4) são retas. Há 18 pares de sedas na parte dorsal. Seis delas são dorsais, dez laterais e duas na mediana. Seis das setas laterais estão localizadas no proscutum e quatro no pós-cutum. Há 4 pares de poros na superfície dorsal. A placa ventricular tem 4 pares de cerdas, esta placa é endurecida e tem duas linhas transversais sobre ela. Há 2 pares de pêlos esternais na placa esternal do lado ventral da fêmea. As placas metasternas são um par, cada uma com uma seta metasternal. Sua placa genital está bem desenvolvida e tem uma seta dupla (Cobanoglu 1993c).

Distribuição Mundial: Argélia, Rússia, Grécia, Turquia (Kumral 2005).

Registros da Turquia: (Swirs on e Amita 1982, Sekeroglu 1984, Cobanoglu 1989, 2004, Madanlar 1992, Kumral 2005). Cobanoglu (1993c) observou que A. recki foi encontrado em pomares de maçãs durante o seu estudo. Foi relatado que foi encontrado em *Pinus nigra* em Zonguldak (Bayram e Cobanoglu 2007). Yesilayer (2009) identificou *A. recki* em *Cedrus* sp.. Guven e Madanlar (2011) relatou *A. recki* em izmir Kemalpasa. Kasap et al. (2013) relataram *A. recki em* pomares em Canakkale em seu estudo.

Distribuição de Turquia: Quase todos os países estão em (Yesilayer e Cobanoglu 2011).

Habitats: *Pinus nigra, Cedrus* sp. árvores frutíferas (McMurtry 1977).

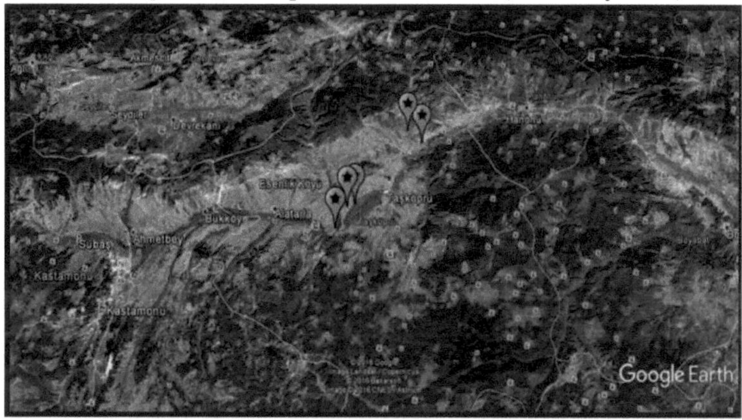

Figura 4.53 Distribuição de *Anthoseius reckii* (Wainstein) na província de Kastamonu

4.2.7.3 Género: *Euseius* (De Leon), 1967

Existem 33 pares de setas idiossômicas no total. Há 3 pares de setas pré-anuais na placa ventrional. Os setas pré-anais estão quase em uma linha. Em todas as espécies, IV. Há macroceta em ambas as pernas e quase todas as espécies têm macroceta em Ge II e Ge III.

A única espécie identificada no gênero *Euseius* foi *Euseius finlandicus* (Oudemans).

4.2.7.3.1 Espécie: *Euseius finlandicus* (Oudemans), 1915

Sinónimos: *Seiulus curtipilus* Berlese, 1918; *Typhlodomus pruni* Oudemans, 1929;

Euseius pruni Oudemans, 1959 (Lindquist ve Evans 1965).

Definição: Largura: 209,3 ± 12,03 (197,4-239,1), Altura: 336,2 ± 26,5 (294,8-374,1) (n: 10). O peritrem é curto, localizado entre as sedas Z2 e Z4. O Keliser é de construção sólida e sem dentes. A placa ventrional feminina é um todo. Os cetas da placa ventrional estão alinhados em uma linha. Há 8 pares de sedas idiossomáticas proeminentes. Há 3 pares de setas na placa ventral do esterno para o idiossoma feminino. As fêmeas têm spermateca sob a forma de balões. 4. Há quatro macroceta na perna dupla (Figura 4.54).

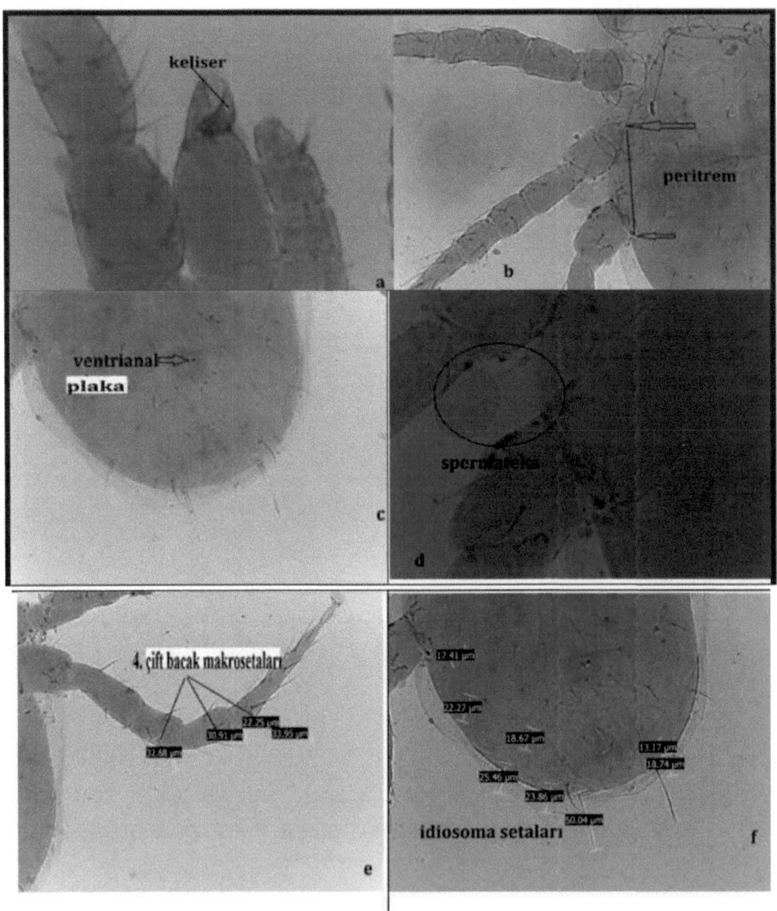

Figura 4.54 *Euseius finlandicus fOudemans*); a: chelicera (x100), b: peritrem (x40), c: placa ventricular (x40), d: spermateca (x100), e: 4ª macro setae de perna dupla (x40), f: idiosoma setas (x40)

A placa dorsal da fêmea é ligeiramente endurecida e as sedas dorsais estão próximas uma da outra. Há 17 pares de sedas na placa dorsal. A placa dorsal e o tegumento lateral não foram fortemente escleróticos. Em indivíduos do sexo masculino, a placa ventrional cobre o opistosoma. A placa metasternal e os cetas que a compõem são um par. A placa ventral é oval e seu comprimento é maior que sua largura (Yesilayer e Cobanoglu 2011).

Distribuição Mundial: Albânia, Argélia, Angola, Argentina, Arménia, Áustria, Azerbaijão, Bielorrússia, Bélgica, Bósnia e Herzegovina, Bulgária, Canadá, China, Croácia, Chipre, República Checa, Dinamarca, Inglaterra, Finlândia,

França, Geórgia, Alemanha, Grécia, Hungria, Índia, Indonésia, Irão, Itália, Japão, Cazaquistão, Lituânia, Letónia, Macedónia, México, Moldávia, Montenegro, Países Baixos, Nicarágua, Noruega, Polónia, Portugal, Rússia, Escandinávia, Sérvia, Eslováquia, Eslovénia, Coreia do Sul, Espanha, Suécia, Suíça, Turquia, Ucrânia, Estados Unidos (Tixier et al., 2008).

Registos da Turquia: Swirs on e Amitai (1982), Duzgunes e Kilig (1983), Sekeroglu (1984), Cobanoglu (1991), Cobanoglu (1992), Cobanoglu (1993), Alaoglu (1996), Gover et al. (1999), Ozman e Cobanoglu (2001), Cobanoglu e Ozman (2002), incekulak e Ecevit (2002), Cobanoglu (2004); Yanar e Ecevit (2005), Kasap et al. (2007), Kasap e Cobanoglu (2007), Kumral e Kovanci (2007), Yanar e Ecevit (2008), Goven et al. (2009); Kasap e Qobanoglu (2009), Yesilayer e Qobanoglu (2011), Faraji et al. (2011), Ozsisli e Qobanoglu (2011), Satar et al. (2013), Kumral e Qobanoglu (2015a), Qobanoglu e Kumral (2016), Kumral e Qobanoglu (2016).

Distribuição de Turquia: Adana, Amasya, Ankara, Antalya, Burdur, Bursa, Edirne, Erzincan, Erzurum, Gumushane, Hakkari, Mersin, Izmir, Istambul, Izmir, Hakkari, Hatay, Turquia, Região do Mar Negro, Kahramanmaras, Kastamonu, Kirklareli, Konya, Manisa, Nevsehir, Nigde, Tekirdag, Tokat, em torno do Lago Van, Yalova (Kumral e Qobanoglu 2015a).

Habitats: *Acer* sp., *Aesculus hippocastanum, Campanula* sp., *C. annuum, Cedrus atlantica, Citrus* spp., *Convolvulus* sp., *Cornus mas, C. avellana, Crataegus sp., C. oblonga, Diospyrus kaki, Elaeagnus* sp., *Eriobotrya japonica, Ficus carica, Fragaria vesca, J. regia, M. communis, Malus floribunda, Morus alba, Platanus* sp., *Prunus armeniaca, Prunus avium, Prunus cerasus, P. domestica, P. persica, Punica* sp., *P. communis, Rhamnus* sp., *Ribes* sp., *Rosa* sp., *Salix* sp., *S. dulcamara, S. ebulus, S. melongena, S. nigrum, Tilia platyphyllos, Ulmus campestris, Ulmus* sp., *Viburnum opulus, Vitis vinifera* (Kumral ve Qobanoglu 2015a).

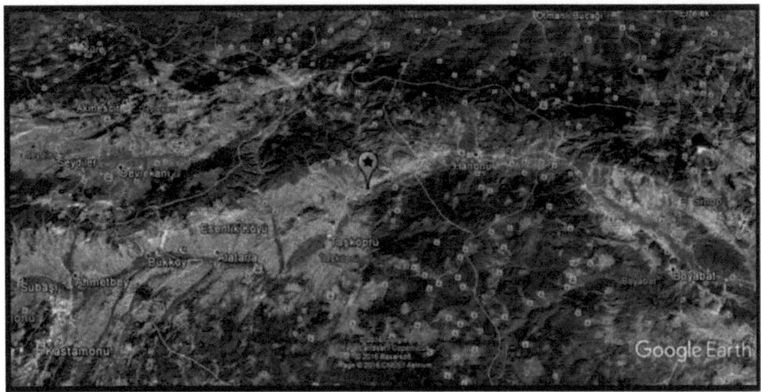

Figura 4.55 Distribuição de *Euseiusfinlandicus* (Oudemans) na província de Kastamonu

4.2.7.4 Género: *Amblyseius* (Berlese), 1914

Amblyseius sp. é um dos maiores gêneros da família Phytoseiidae. A maioria dos membros deste género são espécies da família Tetranchyidae e predadores de Thrips. Algumas espécies são usadas como agentes de controlo biológico no controlo biológico destas pragas. A presença de 4 pares de sedas laterais no proscutum é característica desta raça (Qobanoglu 1989).

Amblyseius obtusus (Koch) pertencente a este gênero foi identificado como uma única espécie no estudo.

4.2.7.4.1 Espécie: *Amblyseius obtusus* (Koch), 1839

Sinónimos: *Zercon ovalis* Koch, 1839; *Sercon pallens* Koch, 1839; *Zercon mucranatus* Canestrini e Fangazo, 1875; *Zercon furcatus* Canestrini e Fangazo, 1875; *Iphis ovum* Canestrini e Fangazo, 1875; *Typhlodromus affatisetus* Wainstein, 1960 (Chant ve McMurtry 2007).

Definição: Largura: 274,05 ± 4,47 (248,09-313,44), Altura: 380,33 ± 4,40 (356,29416,69) (n: 10). A fêmea dorsal é maior que as outras espécies, seu corpo é largo, de cor marrom avermelhada e muito endurecido. A placa dorsal tem entre 411 e 431 horas de comprimento e 274303 horas de largura. Há 17 pares de sedas em idiossoma. Seis deles estão localizados na parte dorsal, nove na lateral e dois na mediana. O peritrem é longo. Spermateka é em forma de folha e curvada. Há 3 macroceta no 4º par de patas. A placa ventriana é maior que a fêmea, e esta difere especificamente da fêmea. Existem 3 pares de sedas na placa ventrional (Figura 4.56).

Na quelícera, o digitus mobilis tem 3 dentes. Pilus dentilis é proeminente. A placa esternal é mais larga do que o seu comprimento, com 1 par de sedas na placa genital. É semelhante à fêmea dorsal em macho, mas menor em tamanho. Estrutura espermatodacticamente curva (Qobanoglu 1993b).

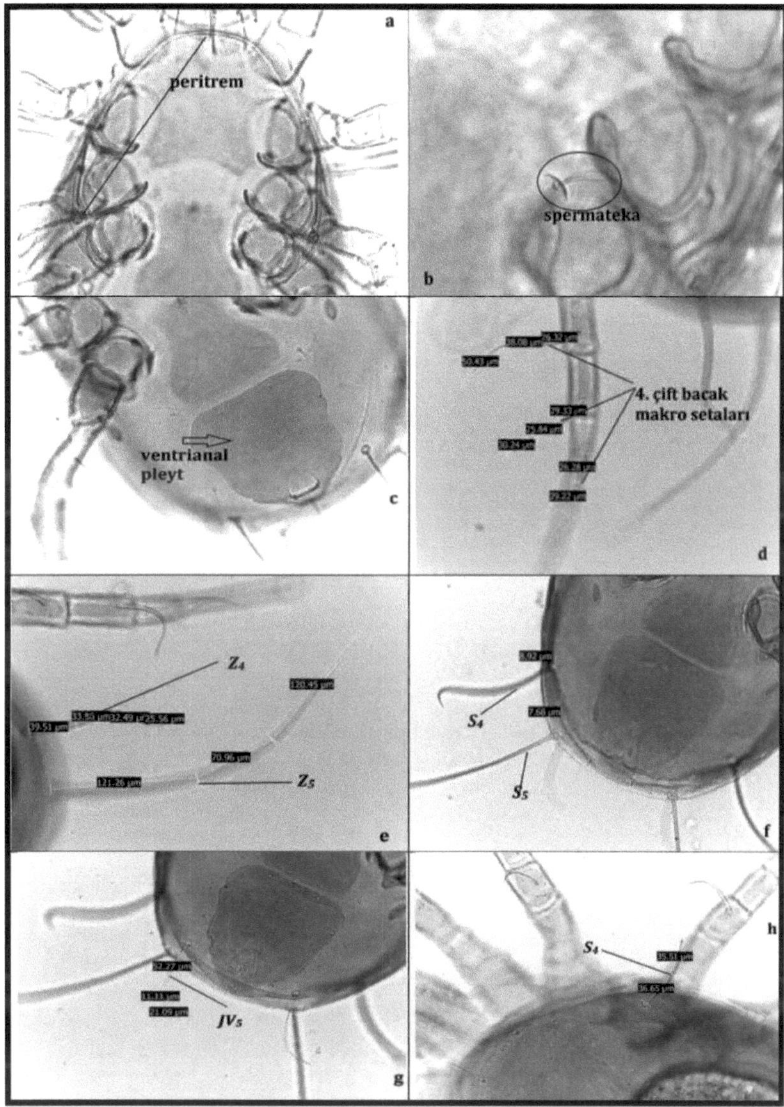

Figura 4.56 *Amblyseius obtusus* (Koch); a: peritrem (x40), b: spermateca (x100), c: placa ventrional (x40), d: 4ª macro seta de perna dupla (x40), e: setas Z4 e Z5 (x40), f: S4 e S5 setas (x40), g: JV5 seta (x40), h: S4 seta (x40)

Distribuição Mundial: EUA, França, Ilhas Havaianas, Espanha, Suíça, Itália, Cazaquistão, Egipto, Marrocos, Noruega, Paquistão, Polónia, Ucrânia, Venezuela, Grécia (Chant and McMurtry 2007).

Registos da Turquia: Cobanoglu (1993), *Amblyseius obtusus* nosso país identificou pela primeira vez em Ancara, em pomares de maçãs.

Distribuição da Turquia: Ankara Cobanoglu (1993)
Habitats: *Vitis vinifera,* pomares (Chant and McMurtry 2007).

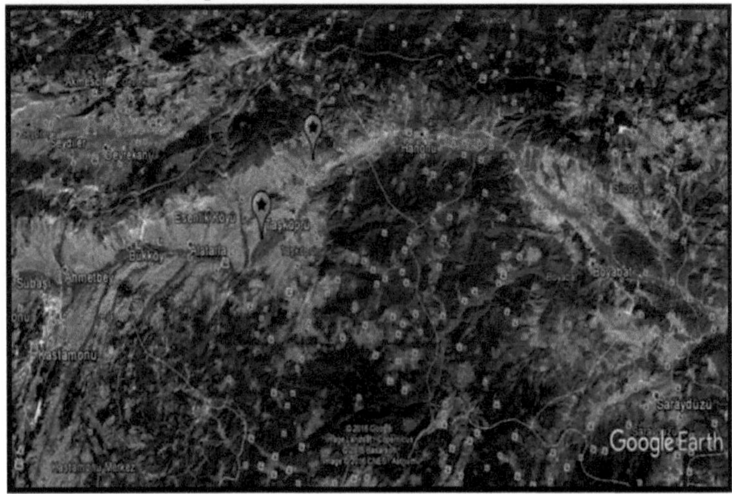

Figura 4.57 Distribuição de *Amblyseius obtusus* (Koch) na província de Kastamonu

4.2.7.5 Género: *Proprioseiopsis* (Muma), 1961

Nas fêmeas; 8 pares de dorsais, 3 pares de medianas, 8 pares de setas laterais são características. A escumalha dorsal está bem desenvolvida. Além disso, há 2 pares de sublaterais

setas, 3 pares de setas esternais e 3 pares de setas pré-anais entre a cabeça. A escumalha esternal é mais comprida do que a sua largura. O peritrem é longo (Fouly 1997).

Proprioseiopsis messor (Wainstein) foi identificado como a única espécie pertencente a este género.

4.2.7.5.1 Espécie: *Proprioseiopsis messor* (Wainstein), 1960

Sinónimos: *Proprioseiopsis lindquisti* Schuster & Pritchard, 1963; *Proprioseiopsis apheles* van der Merwe, 1968 (Ueckermann 1992).

Definição: Largura: 233,50 ± 5,43 (183,64-262,40), Altura: 350,19 ± 5,70 (293,72373,20) (n: 10). O peritrem está se expandindo anteriormente com a seta J1. A placa ventrional tem forma pentagonal. A placa esternal e a placa genital são lisas. O 4° par de pernas consiste em 3 macroceta pontiagudas. As setas dorsais são lisas, exceto as setas Z4 e Z5. Spermatekada calyx é sacular e o átrio é em forma de "u" (Figura 4.58, Figura 4.59).

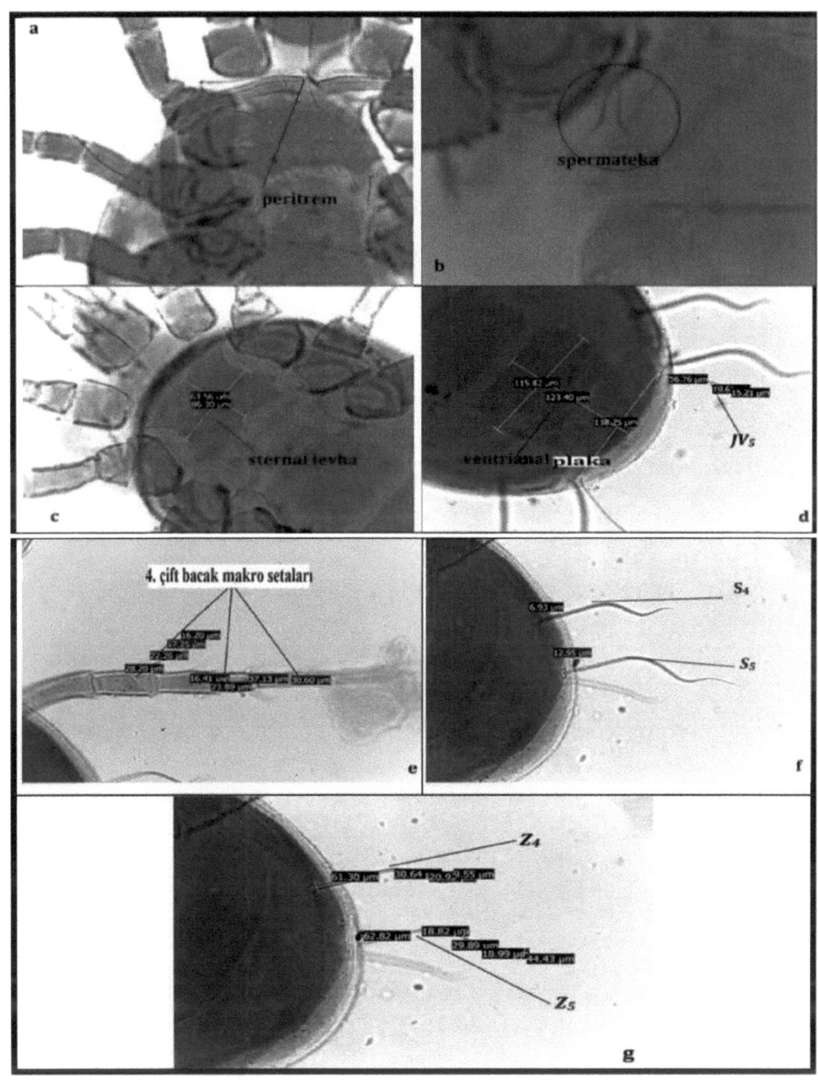

Sekil 4.58 *Proprioseiopsis messor* (Wainstein); a: peritrem (x40), b: spermateca (x100), c: placa esternal (x40), d: placa ventrional e JV5 setae (x40), e: 4ª macro setae de perna dupla, f: S4 e S5 setas (x40)), g: Z4 e Z5 setas (x40)

A placa dorsal tem 407 horas de comprimento e 278 horas de largura, posicionada ao nível do cetáceo j6 e lisa. É constituída por chelicerae, 3 dentes e pilus dentilis. Cada um dos 1º, 2º e 3º pares de pernas é constituído por uma macroceta (Ostovan et al. 2012).

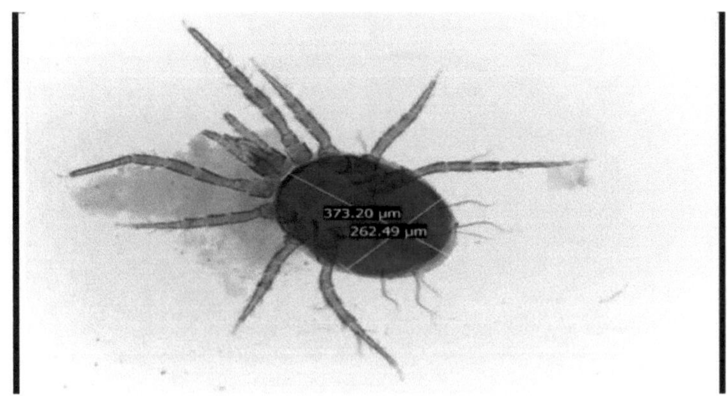

Figura 4.59 *Proprioseiopsis messor* (Wainstein) visão ventral adulta (x10)

Distribuição Mundial: EUA, Argentina, Austrália, África do Sul, França, Espanha, Israel, Itália, Ilhas Canárias, Egipto, Marrocos, Portugal, Ucrânia, Grécia (Ripka e Szabo 2010).

Registos da Turquia: Faraji et al. (2011), Kasap et al. (2013), Cobanoglu e Kumral (2014).

P. messor foi determinado por Kasap et al. (2013) em *S. arvensis, S. nigrum, M. noctiflorum, M. domestica* e *M. vulgaris* em Canakkale.

Cobanoglu e Kumral (2014) identificaram *P. messor* em áreas de cultivo de tomate nas províncias de Ankara, Bursa e Yalova.

Distribuição de Turquia: Ankara, Bursa, Canakkale, Yalova (Cobanoglu e Kumral 2014).

Habitats: Plantas *herbáceas, V. vinifera,* erva, trevo branco, morango, maçã, ameixa (Ripka e Szabo 2010).

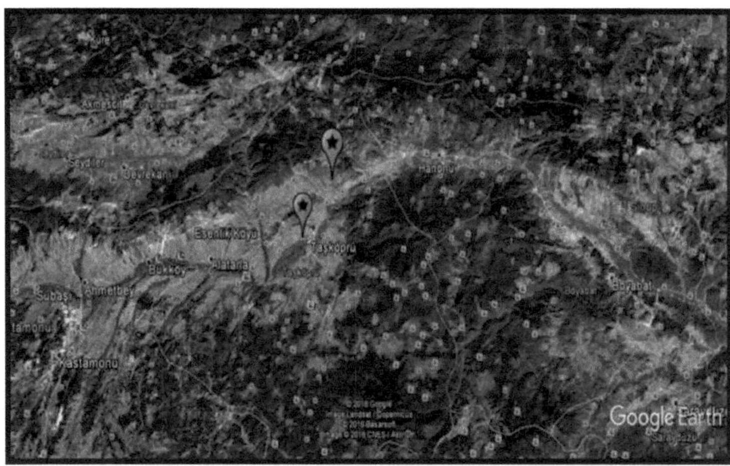

Figura 4.60 Distribuição do *mensageiro da Proprioseiopsis* (Wainstein) na província de Kastamonu

4.2.7.6 Género: *Transeius* (Chant ve McMurtry)

Este género pertencente à subfamília Amblyseiinae tem 43 espécies. Transeius begljarovi (Abbasova) é a única espécie pertencente a este género.

4.2.7.6.1 Espécie: *Transeius begljarovi* (Abbasova), 1970a

Sinónimos: *Amblyseius begljarovi* Abbasova, 1970a; *Amblyseius (Amblyseius) begljarovi* Arutunjan, 1977; *Amblyseius (Multiseius) begljarovi* Denmark & Muma, 1989 (Chant ve McMurtry 2006).

Definição: Largura: 236,34 ± 3,23 (217,12-252,17), Altura: 353,28 ± 3,40 (338,40373,31) (n: 10). Há 15 setas ou menos na ventral, e há setas fixas na área do esterno (4 pares) e na área genital (1 par) em todas as espécies. O peritrem é longo. Spermateka é grande e em forma de pluma. A placa anal do Ventri é rectangular. Existem 3 macroceta no 4º par de pernas (Figura 4.61).

Na fêmea adulta, a placa dorsal é como um todo e plana. A fêmea tem 23 setas (incluindo as setas r3 e r1) na placa dorsal. Desenvolveu-se a quelícera, geralmente conhecida como saco espermático em todas as fêmeas III. e IV. Existe um sistema de entrega de esperma localizado entre os segmentos da dupla cocca. A estrutura do saco espermático varia de espécie para espécie e está entre os personagens taxonómicos importantes utilizados no diagnóstico (Chant and McMurtry 2006).

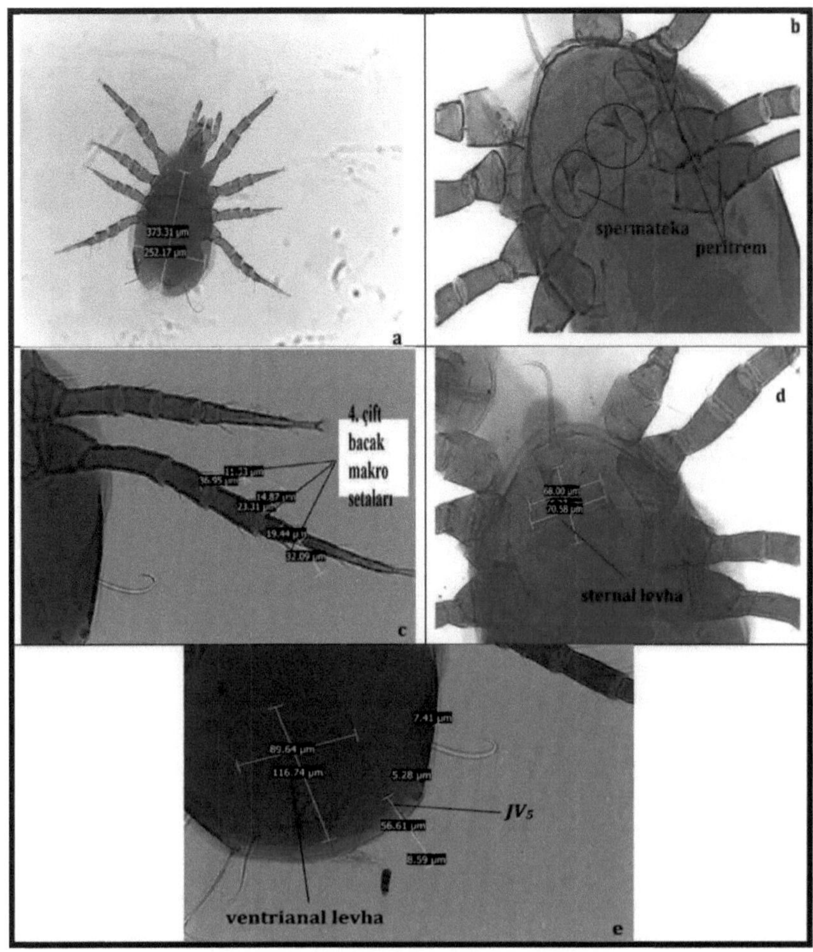

Figura 4.61 *Transeius begljarovi* (Abbasova); a: vista ventral adulta (x10), b: spermateca-peritrem (x40), c: 4ª macro setae de perna dupla (x40), d: placa esternal (x40), e: placa ventrional e seta JV5 (x40)

Distribuição Mundial: Azerbaijão, Lituânia, Turquia, Ucrânia, Grécia (Chant and McMurtry 2006).

Registos da Turquia: Faraji et al. (2011) e Doker et al. (2016) no nosso país.

Distribuição de Turquia: Pode ser encontrado em quase qualquer parte do país (Faraji et al. 2011).

Habitats: *Micromys minutus* (rato anão), erva, trevo (Bisby et al.2011).

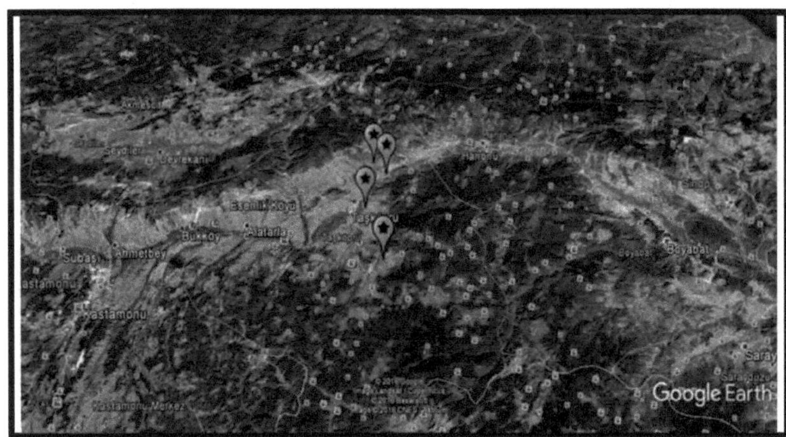

Figura 4.62 Distribuição de *Transeius begljarovi* (Abbasova) na província de Kastamonu

4.2.8 Família: Digamasellidae (Evans), 1957 (Mesostigmata: Acariformes)

São ácaros mesoestigmatizados que exibem comportamento predatório, parasitário e predatório; encontrados no solo, lixo, adubo, esterco animal, poeira da casa e ninhos de pássaros. Os membros da família Digamasellidae são espécies cosmopolitas espalhadas pelo mundo. Estas espécies são geralmente encontradas em material decomposto, lixo, estrume, galerias de insetos, madeira e solo em decomposição (Lindquist et al. 2009).

Durante o estudo, foi determinada 1 espécie pertencente ao gênero *Dentrolaelaps* da família Digamasellidae.

4.2.8.1 Género: *Dendrolaelaps* (Halbert), 1915

Espécies pertencentes a este gênero; Alimentam-se de pequenos insetos, nematódeos, ácaros, fungos e artrópodes em seus estágios iniciais (ovos e larvas) (Lindquist et al. 2009).

A única espécie de *Dendrolaelaps zwoelferi* (Hirschmann) pertencente ao gênero Dentrolaelaps foi determinada no estudo.

4.2.8.1.1 Espécie: *Dendrolaelaps zwoelferi* (Hirschmann), 1960

Sinônimo: -

Definição: Largura: 215,79 pm, Comprimento: 373,21 pm (n: 1). Gnathosomoda; O tectum consiste em 3 partes, cada uma de igual comprimento e bifurcado distalmente. A quelícera é normal e consiste em partes móveis, 3 dentes e 1 gancho terminal grande. O peritrem é longo. É caracterizado por schlerenoduli de 4 partes no seu adulto. A placa ventricular é pequena. No final do idiossoma há um par de sedas fixas (Z5) (Figura 4.63).

As sedas dorsais setae setae j e j (18-21) setae são mais curtas que j1 e z2 setas.

Há padrões estruturais distintos e cortes na região ântero-lateral do protótipo. A placa ventricular está na posição de ceta Vi3 e carrega as sedas Vi1, Vi2, Vi3, Vi5, Vz2 e Vz4. A placa esternal tem uma forma pobre. O idiossoma tem 333 horas de comprimento e 187 horas de largura. Todas as setas das pernas são simples e lisas (Billings 1970).

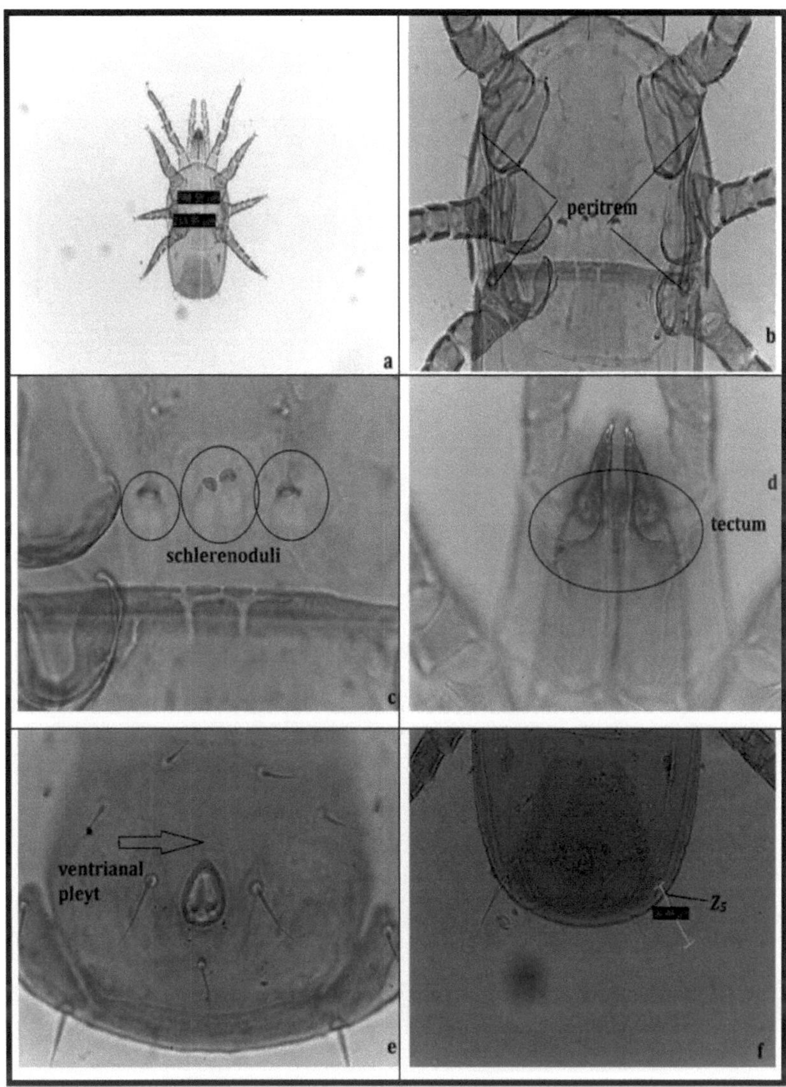

Figura 4.63 *Dendrolaelaps zwoelferi* (Hirschmann); a: vista ventral adulto (x10), b: peritrem (x40), c: schlerenoduli (x100), d: tectum (x100), e: placa ventriana (x100), f: seta Z5 (x40)

Distribuição Mundial: Finlândia (Qayyoum et al. 2016).

Registos da Turquia: Bayram e Qobanoglu (2005) foi reportado *D. zwoelferi* como um novo recorde para o nosso país em Ancara e tal Qayyo I et al. (2016) em Samsun.

Distribuição da Turquia: Ankara, Samsun (Bayram e Qobanoglu 2005).

Habitats: A gama de hospedeiros destas espécies predadoras é muito ampla. Encontram-se no solo, lixo, adubo, produtos armazenados, estrume, poeira da casa, ninhos de aves e cama de aves (Billings 1970).

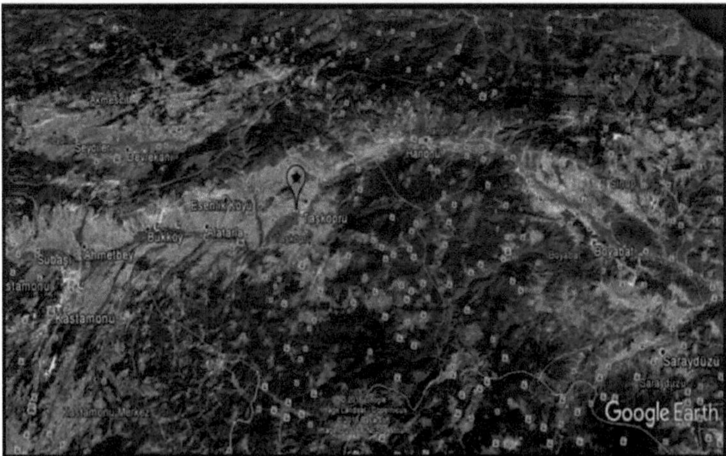

Figura 4.64 Distribuição de *Dendrolaelaps zwoelferi* (Hirschmann) na província de Kastamonu

4.2.9 Família: Ameroseiidae (Evans in Hughs), 1961 (Mesostigmata: Acariformes)

A família Ameroseiidae é uma das 3 famílias pertencentes à superfamília Ascoidea. Existem 10 gêneros e 148 espécies pertencentes a esta família. A placa dorsal é bem esclorizada e firmemente estruturada, com 27-30 pares de sedas. A placa dorsal não contém apenas cetáceas J5. A seta esterna é reduzida, em sua maioria, a 2 pares de sedas. Os Corniculi são na sua maioria dentada. A quelícera às vezes consiste em lóbulos de membrana. Tectum; geralmente simples, estruturado, liso e triangular (Figura 4.65) (Halliday 1997).

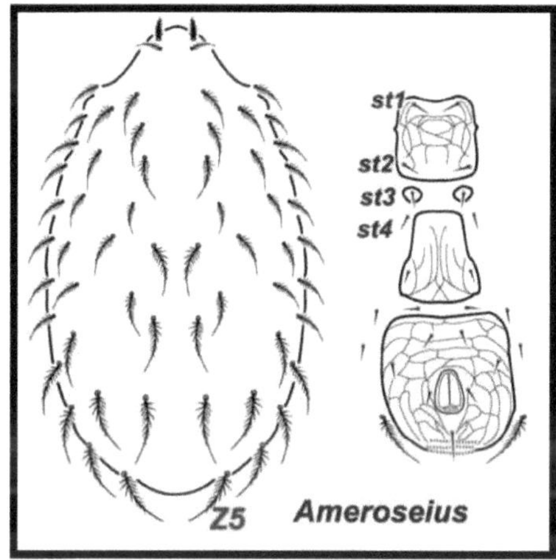

Figura 4.65 Vista dorsal e seta dorsal do adolescente da família Ameroseiidae (Anônimo 2017c)

4.2.9.1 Género: *Ameroseius* (Evans em Hughs), 1961

Ao contrário de outros membros da ordem Mesostigmata Ameroseius sp. espécies pouco ortodoxas alimentam-se de cogumelos, pólen e néctar. Além disso, também se encontram nos resíduos florestais, na cobertura vegetal, nos ninhos, nos ocos das árvores e nos produtos armazenados, e se alimentam de fungos e pequenos microorganismos.

Ameroseius plumosus (Oudemans), a única espécie pertencente a *Ameroseius* sp.

4.2.9.1.1 Espécie: *Ameroseiusplumosus* (Oudemans), 1902

Sinónimos: *Seiulusplumosus* Oudemans, 1902 (Karg 1971).

Definição: Largura: 219,99 цш, Comprimento: 410,44 gm (n: 2). A placa esternal normalmente consiste em 2 pares e às vezes 3 pares de sedas. Há um par avançado de spermateca. O comprimento da placa ventrional é aproximadamente a sua largura. Ambulacrum I com unhas e pulvillus está presente no primeiro par de pernas. A placa dorsal geralmente consiste de 29 e às vezes 30 pares de sedas curvas. Estas setas estendem-se até ao final do idiossoma (Figura 4.66).

A placa dorsal é enrugada e consiste de uma série de cristas adjacentes. A placa dorsal é geralmente grande, serrilhada e emplumada. Corniculi é a forma de duas peças iguais ou subdivididas (Karg 1971).

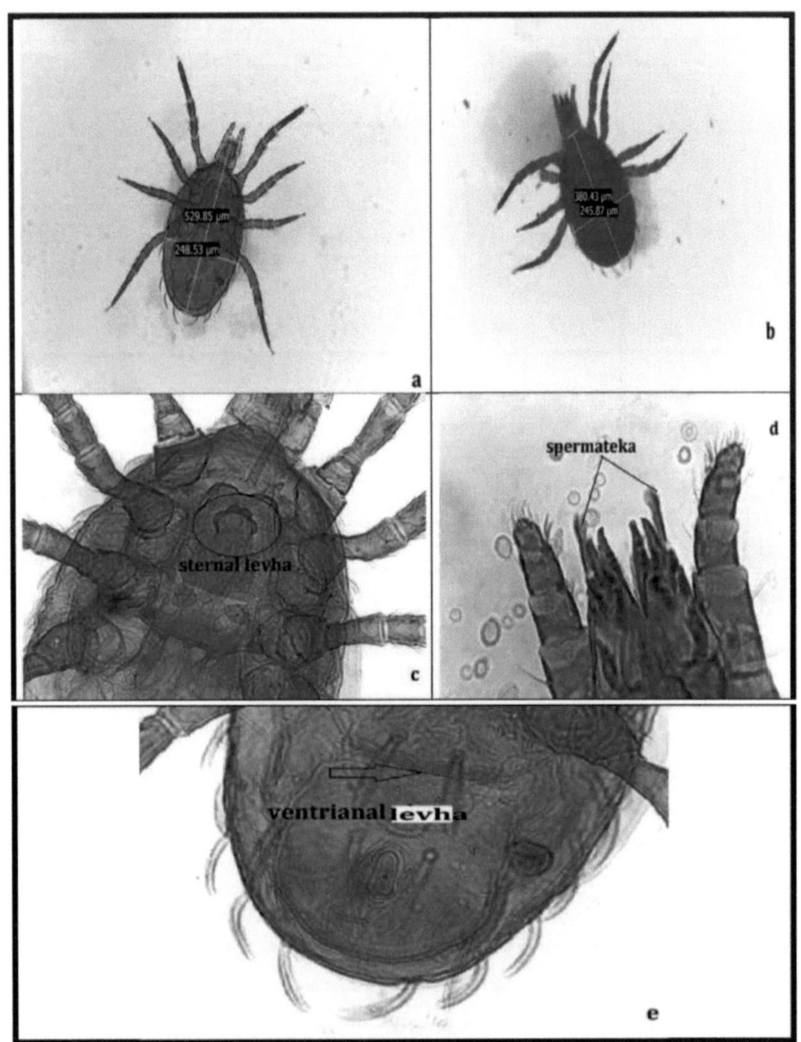

Figura 4.66 *Ameroseius plumosus* (Oudemans); a: fêmea adulta ($) vista ventral (x10), b: macho adulto () vista dorsal (x10), c: placa esternal (x40), d: espermatodactly (x100), e: placa ventriana (x40)

Distribuição Mundial: É uma espécie cosmopolita espalhada por todo o mundo (Halliday 1997).

Registos da Turquia: Ozer et al. (1986, 1989); Cobanoglu e Ozman (2002); Bayram e Cobanoglu (2005)

Distribuição Turquia: Região do Mar Negro, Ankara, Izmir (Cobanoglu e Ozman 2002).

Habitats: *Corylus avellana, Dahlia hybrida,* arroz armazenado (Halliday 1997).

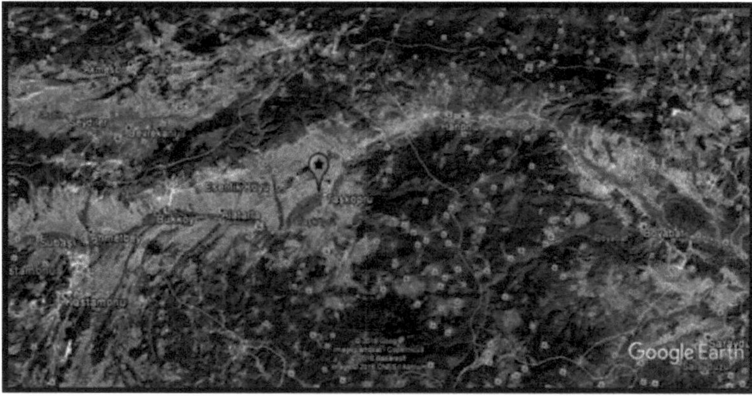

Figura 4.67 Distribuição de *Ameroseiusplumosus* (Oudemans) na província de Kastamonu

4.2.10 Família: Cheyletidae (Lixiviação), 1815 (Prostigmas: Acariformes)

Cheyletidae é uma família pertencente à ordem Trombidiformes. Os membros da família Cheyletidae vivem livremente. Eles são encontrados principalmente em armazéns. Para além dos membros da família Acaridae, também se alimenta de pequenos insectos, piolhos de crustáceos e ovos de cochonilha. Eles também vivem como parasitas em aves e mamíferos, causando quyletielose e caspa ambulante. Têm sido relatados em produtos armazenados e em campos agrícolas (Volgin 1969).

Luzca et al. (1996), o Cheyletid mais comum de *Cheylotogenes ornatus* na Hungria. relatou ser uma espécie e coexiste com Tetranychids, Tyroglyphids e Hemisarcoptids.

Duas espécies de *Cheyletus* pertencentes a esta família foram identificadas.

Género: Cheyletus (Volgin), 1969

O gênero *Cheyletus* é um predador de espécies de ácaros nocivos, como ácaros do pó e da farinha. É encontrado no chão dos quartos e até mesmo em ninhos de pássaros. Pode causar alergias em algumas pessoas.

Durante o estudo, duas espécies do gênero *Cheyletus*, *Cheyletus eruditus* (Schrank) e *Cheyletus malaccensis* (Oudemans), foram identificadas.

4.2.10.1.1 Espécie: *Cheyletus eruditus* (Schrank), 1781

Sinónimos: *Cheyletus eburneus* Hardy, 1867; *Cheyletus ferox* Banks, 1906; *Cheyletus butleri* Hughes, 1948; *Cheyletus doddi* Baker, 1949; *Cheyletus desitus* Qayyum & Chaudhri, 1977 (Straub 2004).

Definição: Largura: 296,42 ± 0,72 (359,37-123,90), Altura: 407,90 ± 0,88

(506,85184,25) (n: 10). Há um par de dentes palpilares em quelicerae. O solenidion ml em Tarsus I se estende até a base do ambulacrum. Existe uma estrutura chamada Omega em Tarsi I (Figura 4.68).

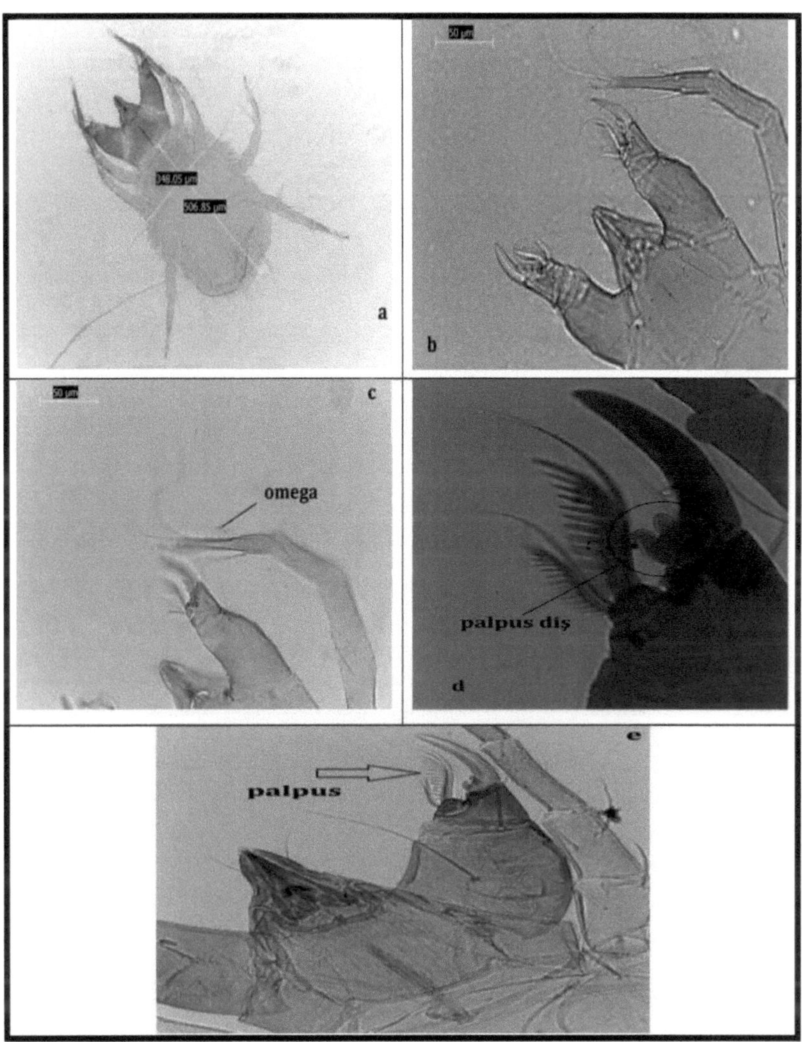

Figura 4.68 *Cheyletus eruditus* (Schrank); a: fêmea adulta ($) (x10), b: quelícera (x40), c: ômega (x40), d: palpus tooth (x40), e: palpus (x40)

C. eruditus é particularmente predador de ácaros nocivos, incluindo Acarus siro (L.) e seus ovos. Os machos são raramente vistos e, portanto, as fêmeas são geralmente partenogenéticas. A margem posterior do macho adulto é mais arredondada do que a da fêmea. A placa propodosomal é larga. A placa propodossômica é constituída por um par de sedas medianas. O gnathosoma nos machos é maior e mais esclerosado que nas fêmeas (Zdarkova 1986).

Distribuição Mundial: É uma espécie cosmopolita espalhada por todo o mundo

(Zdarkova 1998).

Registos da Turquia: Cobanoglu (1996), *C. eruditus* é armazenado em Edirne, trigo, arroz e girassol; Gultekin e Ozkan (1999), em trigo na província de Erzurum; Medeni et al. (2013) relatado em Bitlis e Mus no ambiente de ácaros do pó da casa.

Distribuição de Turquia: Bitlis, Edirne, Erzurum, Mus (Cobanoglu 1996; Medeni et al. 2013).

Habitats: Ninhos de mamíferos e aves, resíduos de aves, pó doméstico, lojas de alimentos (Medeni et al.2013).

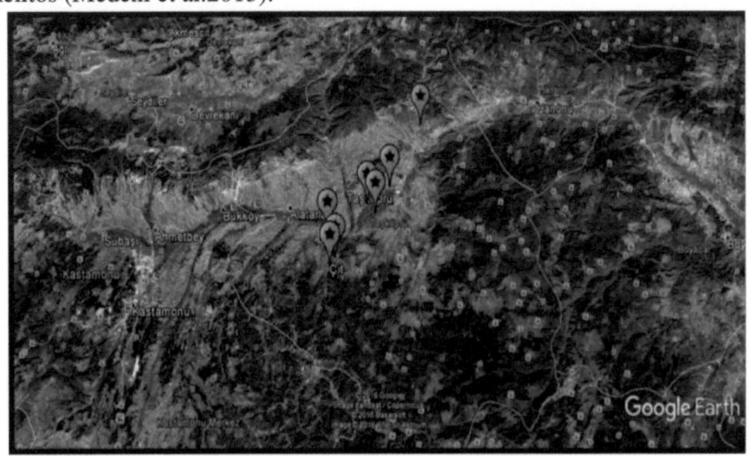

Sekil 4.69 Distribuição de *Cheyletus eruditus* (Schrank) na província de Kastamonu

4.2.10.1.2 Espécie: *Cheyletus malaccensis* (Oudemans), 1903

Sinónimos: *Cheletes vorax* Oudemans, 1903; *Cheyletus avidus* Qayyum & Chaudhri, 1977; *Cheyletus ayyazi* Akbar, Aheer & Chaudhri, 1993; *Cheyletus baridos* Akbar, Rahi & Chauhri, 1988; *Cheyletus caucasicus* Zachvatkin, 1949; *Cheyletus egypticus* Elbadry, 1969; *Cheyletus infensus* Akbar, Aheer & Chaudhri, 1993; *Cheyletus mianiensis* Farooq, Akbar & Qureshi, 2000; *Cheyletus munroi* Hughes, 1948; *Cheyletus polymorphus* Volgin, 1949; *Cheyletus rafiquiensis* Farooq, Akbar & Chaudhri, 1993; Cheyletus *mianiensis* Farooq, Akbar & Qureshi, 2000; *Cheyletus rohdendorphi* Zachhvatkin, 1949; *Cheyletus ugandanus* Lawrence, 1954; *Cheyletus wahndoensis* Akbar & Aheer, 1994 (Hughes 1961).

Definição: Largura: 331,96 pm, Comprimento: 426,1 pm (n: 1). Os adultos têm um par de palpos e dentes de palpos. A placa propodosomal tem a forma de uma fenda. O Tarso I tem um conjunto de espinhos. Há sedas em 1 par de pernas (Figura 4.70).

O idiossoma do homem adulto é menor que o da mulher. O corpo do macho adulto é mais cônico do que o dos indivíduos mais jovens e o das fêmeas. Os gnathosomas são intactos e maiores que as fêmeas (Hughes 1961).

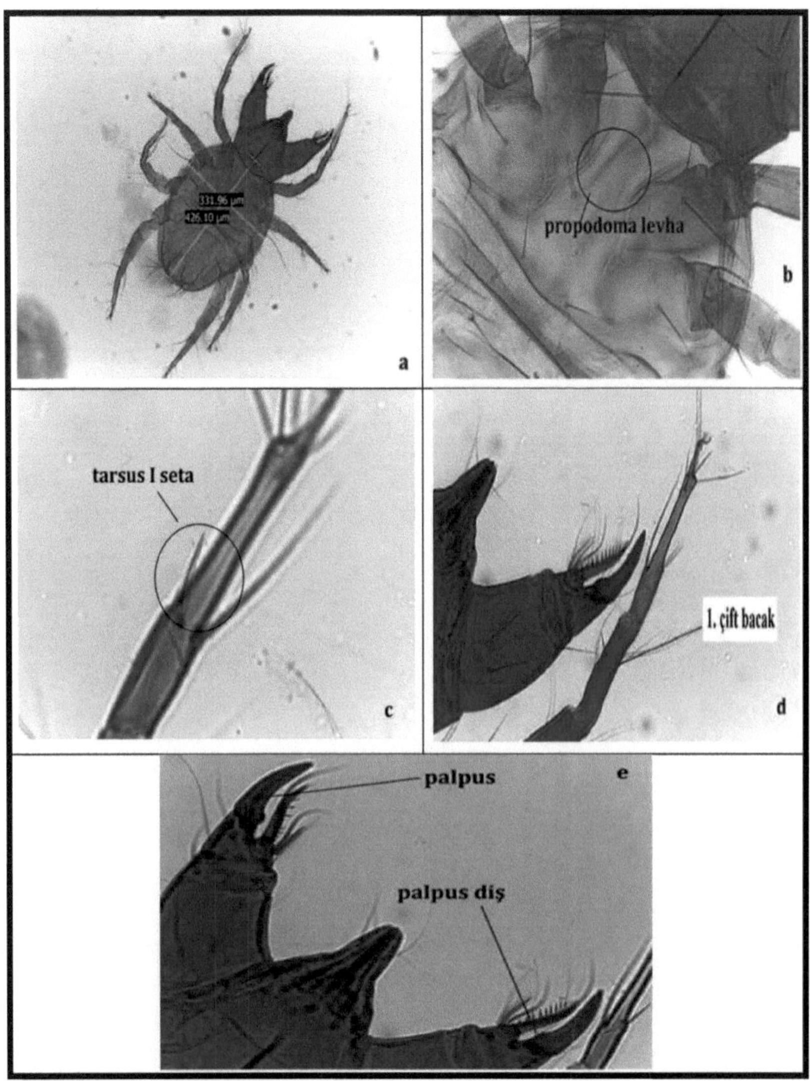

Figura 4.70 *Cheyletus malaccensis* (Oudemans); a: fêmea adulta ($) vista ventral (x10), b: placa prodopomal (x40), c: seta Tarsus I (x100), d: 1° par de pernas (x100), e: palpo e dente de palpo (x40)

Distribuição Mundial: Irão, Portugal, Egipto, Grécia (Zaher e Soliman 1971).

Registos da Turquia: Gene e Ozar (1986) relataram *C. malaccensis* pela primeira vez em nosso país, Província de Izmir. Ozer et al. (1989), foi detectada *C. malaccensis* em produtos de cereais armazenados em Izmir.

Distribuição de Turquia: O país está espalhado por quase todo o lado (Gene e Ozar 1986, Ozer et al. 1989).

Habitats: Arroz, grãos armazenados, grãos, alimentos armazenados (trigo, milho, aveia, cevada, farinha de trigo, farinha de milho, figos, passas, papoila, alface, mostarda) (Cebolla et al.2009).

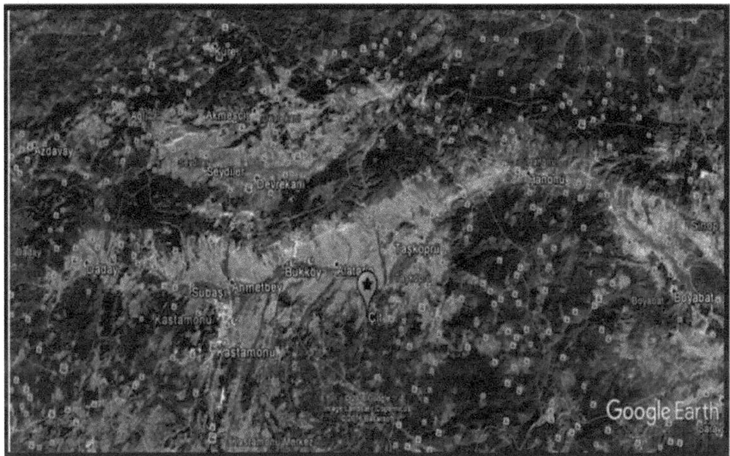

Figura 4.71 Distribuição de *Cheyletus malaccensis* (Oudemans) na província de Kastamonu

4.2.11 Família: Tarsonemidae (Kramer), 1877 (Prostigmata: Acariformes)

Algumas espécies desta família; como parasitas nos insetos, algumas são negrófagos, outras são predadores e algumas espécies são pragas vegetais. Existem 31 gêneros pertencentes a esta família. Enquanto estas espécies são conhecidas por se alimentarem de plantas mais altas, a maioria das espécies desta família alimenta-se de micelas de paredes finas de fungos ou corpos de algas (Lindquist 1986).

Duas espécies do gênero *Tarsonemus* pertencentes à família Tarsonemidae foram identificadas.

4.2.11.1 Género: *Tarsonemus* (Canestrini & Fangazo), 1876

2 espécies deste gênero *Tarsonemus* sp. e *Tarsonemus waitei* (Bancos).

4.2.11.1.1 Espécie: *Tarsonemus* sp.

Em nosso estudo, ele foi obtido das partes verdes da planta do alho no distrito de Hanonu, província de Kastamonu.

Distribuição Mundial: EUA, Colômbia (Lindquist 1986).

Registos da Turquia: Cobanoglu (2000), Akyazi e Ecevit (2003), Kumral e Kovanci (2004), Kumral e Cobanoglu (2005), Ecevit (2005), Elmaand Aloglu (2008), Ozsaya (2012), Genget al. (2012), Cobanoglu e Kumral (2014).

Distribuição da Turquia: Ankara, Bursa, Giresun, Istambul, Yalova, Tokat, Konya, Ordu, Samsun (Cobanoglu e Kumral 2014).

Habitats: São Polifagos (Lindquist 1986).

Figura 4.72 Distribuição de *Tarsonemus* sp. na província de Kastamonu

4.2.11.1.2 Espécie: *Tarsonemus waitei* (Bancos), 1912
Sinónimos: *Tarsonemus (Tarsonemus) setifer* Ewing, 1939; *Tarsonemus (Tarsonemus) pauperoseatus* Suski, 1967 (Lin ve Zhang 2006).
Definição: Largura: 140,82 ± 5,06 (126,50-155,13), Altura: 262,84 ± 2,06 (257,00268,67) (n: 10). A placa pródutora não se estende sobre o gnathosoma e não cobre o estigma. O propodossoma consiste em 2 pares de setas simples. Palpus tem 3 segmentos e parcialmente fundidos com o capitulo. O ventre do histerossoma é em forma de V invertido. Pseudostigmático órgão oval e pedicelo curto. O 4° par de pernas é mais comprido que o habitual. I. unha está presente mas não completamente desenvolvida. O ambulacrum I melhorou. A tegula é curta e redonda (Figura 4.73) (Qobanoglu 1995, Lin e Zhang 2006).

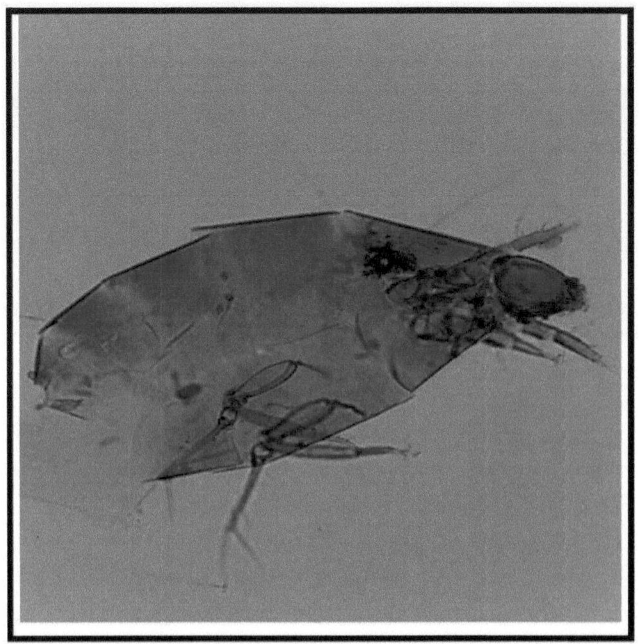

Figura 4.73 Vista ventral de *Tarsonemus waitei* (Bancos) (x10) (Anónimo 2019d)

Distribuição Mundial: EUA, China, Itália, Roménia, Rússia (Lin e Zhang 2006).

Registos da Turquia: *T. waitei* foi encontrado pela primeira vez no nosso país por Cobanoglu (1995) em *Pyracantha coccinea*, em Edirne, na ninhada de folhas.

Kumral e Cobanoglu (2015a) informaram *T. waitei* sobre a uva canina nas províncias de Ankara, Bursa e Yalova.

Kumral e Cobanoglu (2015b) identificaram *T. waitei* em berinjela nas províncias de Ankara, Bursa e Yalova.

Distribuição de Turquia: Edirne, Istambul, Yalova, Bursa (Brown e Qobanoglu 2015BM).

Habitats: *Pyracantha coccinea,* fibra de algodão, semente de algodão, trigo (Lin e Zhang 2006).

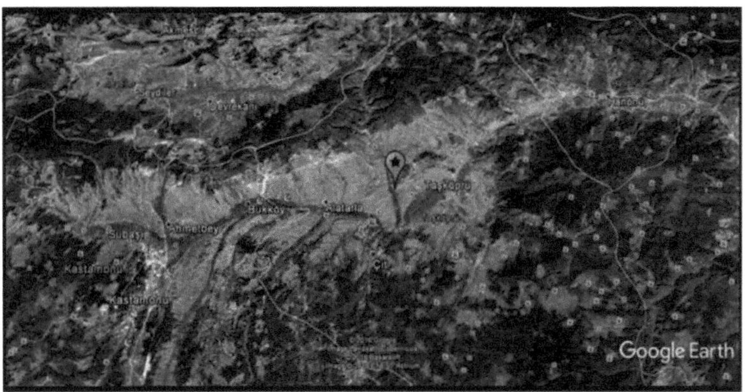

Figura 4.74 Distribuição de *Tarsonemus waitei* (Bancos) na província de Kastamonu

4.2.12 Família: Tydeidae (Kramer), 1877 (Prostigmata: Acariformes)

A família Tydeidae é uma grande família com 42 gêneros e mais de 400 espécies. Existem espécies predadoras, necrófagas e comedoras de plantas. Algumas espécies podem viver em mariposas pertencentes à família Noctuidae (Krantz 978). Os ácaros Tydeid são frequentemente encontrados em musgos e líquenes e são espécies características que vivem em microhabitats em alguns troncos de árvores. Algumas das espécies pertencentes a esta família são benéficas e outras são espécies neutras (Zhang et al. 2001).

Ácaros Tydeid; São pequenos ácaros de corpo macio e rápido em cores que vão do branco, amarelo, verde e laranja ao preto. Dorsalmente, o idiossoma pode ser estriado ou reticulado. São geralmente estriados ventralmente (Khanjani e Ueckermann 2003).

Uma espécie do gênero Tydeus pertencente a esta família foi identificada.

4.2.12.1 Género: *Tydeus* (Koch), 1835

A grande maioria dos ácaros pertencentes a este género encontram-se em musgos. Algumas espécies são encontradas em folhas de árvores, produtos armazenados, tocas de vertebrados e colmeias. Eles são coletores de vários animais e também caçam pequenos artrópodes e seus ovos (Kazmierski 2009).

O Femur IV é indivisível. Há um apotel em Tarso I. Há 6 pares de setas genitais (Ueckermann & Grout, 2007). Há 3 setas em Genu I e dois setas em genu II. Há 3 setas no fémur I e 1 seta em genu III e VI (André 2005).

A única espécie de *Tydeus* sp., *Tydeus caudatus* (Duges) foi identificada.

4.2.12.1.1 Espécie: *Tydeus caudatus* (Duges), 1834

Sinônimo: -

Definição: Três pares de setas espatuladas (D4, D5 e L4 setas) e estrias dorsais localizadas na seta dorsal posterior são características desta espécie. Há empodos e unhas em Tarso I. Não há unhas empodiais disponíveis (Figura 4.75) (Castagnoli 1984).

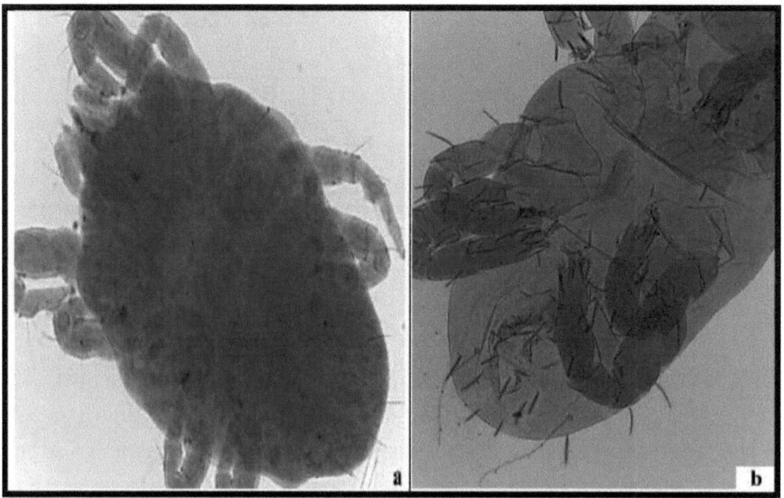

Figura 4.75 *Tydeus caudatus* (Duges); a: vista dorsal adulta (x10), b: vista ventral adulta (x10)

Distribuição Mundial: É distribuído em todo o mundo (da Silva et al.2016).
Registos da Turquia: Cobanoglu e Kazmierski (1999) foram determinados *T. caudatus* em arbustos em Ankara, Goven et al. (2009) encontraram-no em vinhas em izmir, Manisa, Qanakkale e Denizli, e em pomares de avelãs em Akyazi e Ecevit (2003), Samsun.
Distribuição de Turquia: Qanakkale, Denizli, Izmir, Manisa, Samsun (Govenet al. 2009).
Habitats: Nogueira, Fruta, Pêssego, *Citrus* (C. *limão, C. paradisi, C. reticulata, C. sinensis), V.vinifera.* Também é encontrada em todos os tipos de áreas climáticas, líquenes e musgos (da Silva et al.2016).

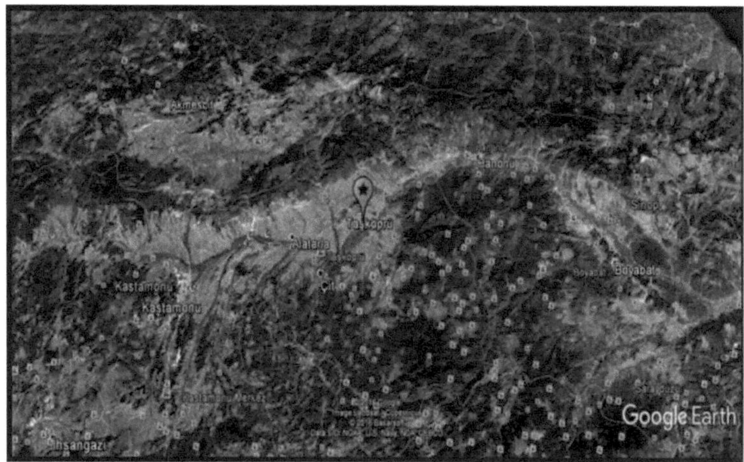

Figura 4.176 Distribuição de *Tydeus caudatus* (Duges) na província de Kastamonu

5. DISCUSSÃO E CONCLUSÕES

Considerando a distribuição dos ácaros detectados pelos distritos, 2.447 (78,58% do total da amostra) pertencem a Taskopru, 580 (18,63%) a Hanonu e 87 (2,79%) ao Distrito Central. De acordo com estes resultados, o Distrito Taskoprii está significativamente à frente dos outros distritos em termos de densidade de ácaros.

Tabela 5.1 Disponibilidade das espécies de ácaros identificadas nas áreas de cultivo de alho da província de Kastamonu por distrito (T: Taskopru, H: Hanonu, M: Centro da Cidade)

Ordo	Família	Espécie	Localidade		
			T	H	M
Mesostigmata	Ascidae	*Gamasellodes bicolor*	+	+	+
		Arctoseius cetratus	+	+	+
		Asca bicornis	+	+	
		Proctolaelaps scolyti	+		
		Proctolaelaps pygmaeus	+		+
		Blattisocius tarsalis	+		+
		Blattisocius keegani	+		
		Blattisocius dentriticus	+		
		Cheiroseius neocorniger	+		
	Macrochelidae	*Macrocheles subbadius*	+		
		Macrocheles glaber			+
	Laelapidae	*Hypoaspis brevipilis*	+	+	+
		Hypoaspis aculeifer	+	+	+
		Hypoaspis praesternalis	+	+	+
		Androlaelaps casalis	+		
	Parasitidae	*Parasitus fimetorum*	+	+	+
	Eviphididae	*Alliphis halleri*	+	+	+
	Veigaiidae	*Veigaia planicola*	+	+	+
	Phytoseiidae	*Neoseiulus marginatus*	+	+	+
		Neoseiulus barkeri	+	+	+
		Neoseiulus bicaudus	+	+	+
		Neoseiulus agrestis	+		
		Anthoseius reckii	+	+	
		Euseius fnlandicus		+	
		Amblyseius obtus	+	+	
		mensageiro		+	+
		Transeius begljarovi	+	+	
	Digamasellidae	*Dendrolaelaps zwoelferi* (Hirschmann)	+		

112

Ameroseiidae	*Ameroseius plumosus*	+		
	Cheyletus eruditus	+	+	+
Cheyletidae	*Cheyletus malaccensis*	+		
Tarsonemidae	*Tarsonemus waitei*	+		
Tarsonemidae	*Tarsonemus sp.*	+		
Tydeidae	*Tydeus caudatus*	+		

A espécie mais abundante entre os ácaros predadores é a *G. bicolor* (14,47%). As espécies pertencentes ao gênero *Gamasolledes* são conhecidas como predadoras de ácaros nocivos encontrados na raiz. *G. bicolor* foi encontrado entre as espécies mais intensas no estudo para determinar a fauna dos ácaros baseada no solo na Lituânia (Salmane 2000). De facto, de acordo com este resultado no nosso estudo, foi detectado intensivamente nas amostras de cabeça retiradas das partes subterrâneas desta planta de alho caçador e nos locais onde se encontra *R. robini*. *G. bicolor* foi obtido de cogumelos silvestres pela primeira vez no nosso país em 1995-1998 e registado como ácaros benéficos (Cobanoglu 2000).

Walter (2003) enfatizou em seu estudo que o potencial do agente de controle biológico do gênero *Gamasellodes*, os ácaros da raiz do solo é alto e a importância de uma utilização mais eficaz no combate aos ácaros do subsolo. Zhang (2003), agentes biológicos dos ácaros do subsolo de espécies da família Asciade, especialmente em estufas, e especialmente *Hypoasis* sp. relatou que suas espécies eram um predador eficaz de *R. robini*.

Bayram e Cobanoglu (2005) relataram que a *Hypoaspis aculeifer* foi a espécie predadora mais dominante em plantas ornamentais em seu estudo sobre espécies de ácaros em plantas tubérculos ornamentais. *H. aculeifer* é também um dos ácaros predadores mais comuns na Turquia, estes ácaros, outros tipos de ácaros, nematóides delegados é um predador importante de pequenos artrópodes e insetos. Zhang (2003) avaliou o grau de atividade de algumas espécies de ácaros predadores em *R. robini* como agente de controle biológico, *H. aculeifer* foi um predador eficaz em ácaros prejudiciais de *R. robini*, especialmente em pequenos bulbos de *Lilium*, e o predador: a razão de presas foi de 1:20, Ele também descobriu que *H. aculeifer* é um importante nematódeo e caçador de pulgões em plantas ornamentais com tubérculos. Um dos caçadores mais eficazes de *Ditylenchus dipsaci* (nemátodo do bico da cebola), que é uma das pragas mais importantes nas áreas de cultivo do alho, é a *H. aculeifer*. A importância da *H. aculeifer* no controle biológico contra *D. dipsaci*, que causa perdas significativas na cultura do alho, deve ser melhor compreendida e devem ser realizados estudos para melhorar a sua utilização eficaz no combate. Em nosso estudo, a *H. aculeifer* foi identificada entre as espécies predadoras importantes no alho e a importância deste predador foi enfatizada. Por isso, os resultados acima citados apoiam o nosso estudo. Eles também enfatizam que os solos desta região estão contaminados com nematódeos e isto também é notável.

Importantes espécies predadoras como *Gamasellodes bicolor* (Berlese), *Alliphis halleri* (G. & R. Canestrini) e *Arctoseius cetratus* (Sellnick) também foram detectadas em áreas de cultivo de alho. É importante identificar *Gamasellodes bicolor*, que é um predador eficaz em pragas subterrâneas como *R. robini*, como um grupo de caçadores intensos. As espécies pertencentes ao gênero *Gamasellodes*, que são um grupo pequeno na ordem Mesostigmata, são conhecidas como predadoras de pragas encontradas na raiz. Foi encontrada entre as espécies mais intensas no estudo para determinar a fauna dos ácaros baseada no solo na Lituânia (Salmane, 2000). *Arctoseius cetratus alimenta-se* de nematódeos, collembóis, espécies de Acaridae, ácaros do solo (oribatids) e Tarsonemidae (Acari: Prostigmata). Mais uma vez, esta espécie tem sido relatada a viver em frente com moscas fúngicas pertencentes à família Sciaridae (de Moraes et al.2015).

Yesilayer e Cobanoglu (2011) determinaram o predador Phytoseiid mite species and densities in park and ornamental plants in Istanbul. Como resultado, foram identificadas 11 espécies de fitoseiídes. Entre estas espécies, *Typhlodromus (Typhlodromus) athiasae* foi encontrada como a espécie fitoseiídea mais comum, enquanto *Amblyseius andersoni* (Athias- Henriot) foi encontrada em Hornbeam (**Carpinus betilus** L. (Betulaceae)) juntamente com *Tydeus californicus* (Banks) (Acari: Tydeidae).

Resultados e Evidências

Entre os importantes ácaros benéficos, *Gamasellodes bicolor*, *Arctoseius cetratus* e *Asca bicornis* da família Ascidae; *Hypoaspis aculeifer*, *Hypoaspis brevipilis* e *Hypoaspis praesternalis* pertencentes à família Laelapidae; *Alliphis halleri* da família Eviphididae; *Neoseiulus barkeri* e *Neoseiulus bicaudus* pertencentes à família Phytoseiidae foram identificados.

Os resultados obtidos no estudo são de natureza a constituir uma base para futuros estudos destinados a determinar as características biológicas e as diferenças dos caçadores.

Em nosso estudo, o alho *Gamasellodes bicolor* foi determinado como sendo a espécie predadora mais intensa na cabeça e esta espécie foi encontrada concentrada na parte subterrânea onde se encontram as colônias de *R. robini*. Esta situação mostra que os ácaros de raízes do solo como *R. robini* do género *Gamasellodes* têm um elevado potencial como agente de controlo biológico e a importância de uma utilização mais eficaz no combate aos ácaros de pragas do subsolo.

A alta densidade e variedade de ácaros benéficos na região suportam o aumento das alternativas de controle biológico. A maioria dos cultivadores da região prefere o controle de pesticidas e, portanto, a pulverização intensiva e inconsciente é realizada nas áreas cultivadas. Portanto, é importante organizar programas de treinamento a fim de que os agricultores entendam a importância dos ácaros benéficos.

A alta densidade e variedade de ácaros benéficos na região suportam o aumento das alternativas de controle biológico. A maioria dos cultivadores da região prefere o controle de pesticidas e, portanto, a pulverização intensiva e inconsciente é realizada nas áreas cultivadas. Portanto, é importante organizar programas de treinamento a fim de que os agricultores entendam a importância dos ácaros benéficos.

REFERÊNCIAS

Abo-Shnaf, R.I.A. ve Moraes, G.J. de 2014. Phytoseiid mites (Acari: Phytoseiidae) do Egito, com novos registros, descrições de novas espécies, e uma espécie chave. Zootaxa, 3865, 1-71.

Afzal, M., Ali, M., Thomson, M., Armstrong, D. 2000. Alho e seu potencial medicinal. Inflamopharmacology 8:123-148.

Akdemir C., Gurdal H. 2005. Ácaro do pó da casa em Kutahya, Turquia. Turkiye Parazitol Derg;29(2):110-115.

Akyazi, F. ve Ecevit, O. 2003. Determinação de espécies de ácaros em pomares de avelãs nas províncias de Samsun, Ordu e Giresun. The Journal of Agricultural Faculty of Ondokuz Mayis University, 18(3), 39-45.

Akyazi, F ve Ecevit, O. 2005. Samsun ili findik bahgelerinde bulunan zararli ve yararli akarlarin populasyon dalgalanmalarinin belirlenmesi. GOU. Ziraat Fakultesi Dergisi, 22(2),13-18.

Alaoglu, O. 1996. Erzurum ve Erzincan illerinde Phytoseiidae (Acarina) Faunasi Uzerinde Qali§malar. Selguk Univ. Ziraat Fakultesi Dergisi, 9(11):7-14.

Alford, D.V. 1994. Um Atlas colorido de pragas de árvores ornamentais, arbustos e flores. Wolfe Publishing Ltd., Londres. 448 pp.

Al-Safadi, M. M. 1987. O ciclo de vida do Acari *Tyrophagus similis*. Journal of Zoology. Volume 213(1):141-146.

Andre, H. M. 2005. Em busca do verdadeiro Tydeus (Acari, Tydeidae). Journal of Natural History.39: 975-1001.

Anonim 2015a. Web sitesi: http://www.kastamonuziraatodasi.org.tr/, Erisini Tarihi:15.11.2016.

Anonim 2015b. Web sitesi: http://www.tuik.gov.tr/PreHaberBultenleri.do?id=13661, Erisim Tarihi: 15.11.2016.

Anónimo 2013. Taskopru Sarimsak Paneli Bildirileri. Taskopru.

Anónimo 2016a. Web sitesi: http://www.ipm.ucdavis.edu/PMG/r584400211.html, Erisim Tarihi: 10.10. 2016.

Anônimo2016b . Web sitesi: http://www.daffa.gov.au/ data/assets/pdf file/22103/bulbdatasheets.pdf, Erisim Tarihi: 16.11.2016.

Anónimo 2016c. http://www.daffa.gov.au/ data/.pdf,, Erisim Tarihi 16.11.2016.

Anónimo 2016d. Web sitesi: http://eol.org/pages/12012874/maps, Erisim tarihi: 13.10.2016.

Anónimo 2016e. Web sitesi: http://www.fao.org/docrep/x5053s/x5053s2d.gif, Erisim Tarihi: 05.12.2016.

Anônimo2016f. Web sitesi: https://arthropodamexicana.blogspot.com.tr/2013_09_01_archive.html, Erisim Tarihi: 12.12.2016.

Anónimo 2016g. Web sitesi: www.plantwise.org, Erisim Tarihi: 23.12.2016.

Anónimo 2016h. Web sitesi: http://www.plantwise.org/, Erisim Tarihi: 23.11.2016.

Anônimo2017a . Web sitesi: http://healingwatersclinic.com/articles/ClovesofGarlic.html, Erisim Tarihi: 01.01.2017.

Anônimo 2017b. Web sitesi: http://www1.montpellier.inra.fr/, Erisim Tarihi: 02.01.2017.

Anónimo 2017c. Web sitesi: http://itp.lucidcentral.org/, Erisim Tarihi: 03.01.2017.

Anónimo 2017d. Web sitesi: http://media.padil.gov.au/species/140848/40605-large.jpg, Erisim Tarihi: 05.01.2017.

Anónimo2017e . Web sitesi: http://taxondiversity.fieldofscience.com/2015/11/acrotritia.html, Erisim Tarihi: 05.01.2017.

Anônimo2017f . Web sitesi: http://www.boldsystems.org/index.php/TaxbrowserTaxonpage?taxon=Liebsta dia+similis&searchTax=, Erisim Tarihi: 07.01.2017.

Anónimo2017g . Web sitesi: http://www.boldsystems.org/index.php/TaxbrowserTaxonpage?taxon=Galum na+lanceata+& searchTax=, Erisim Tarihi: 08.01.2017.

Aykut, M. ve Yilmaz, H. 2010. "Mus'un Haskoy licesinde Ev Tozu Akarlarininin Yayilisi." Turkiye Parazitol Derg 34: 160-3.

Ayyildiz, N. 1998. Erzurum Ovasi Oribatid Akarlari (Acari: Oribatida) Uzerine Sistematik Ara§tirmalar. III. Yuksek Oribatidler, TU Zooloji D. 1988: 12 (2): 145-155.

Ayyildiz, N., Ozkan, M. 1988. Erzurum ovasi oribatid akarlari (Acari, Oribatida) uzerine sistematik ara§tirmalar. I. ilkel oribatidler. Doga TU Zool Derg 12: 115-130 (em turco).

Bachmann, J. 2001. Produção de Alho Orgânico. Transferência de Tecnologia Apropriada para Áreas Rurais (ATTRA). Caixa Postal 3567. Fayettevlle, AR 72702.

Bagci, F., Yilmaz, A. ve ErSpeciesk, S. 2014. Ankara ili hububat depolarinda bulunan zararli bocek Speciesleri. Bitki Koruma Bulteni, 54(1):69-78 ISSN 0406-3597.

Baker, E. W., 1965. Uma revisão dos gêneros da família Tydeidae (Acarina).

Avanços em Acarologia. Cornell University Press, Ithaca, New-York, 2: 95-133.

Bala S., Karmakar, K. ve Ghosh, S. 2015. Dinâmica populacional dos ácaros, *Aceria tulipae* (Keif.) sobre o alho *(Allium sativum* L.) e a sua gestão sob a bacia de Bengala. International Journal of Science, Environment ISSN 2278-3687 (O) and Technology, Vol. 4, No 5, 1365 - 1372 2277-663X (P).

Balogh, J. ve Balogh, P. 1992. The Oribatid Mites Genera of the World vol. 1. Museu de História Natural da Hungria: Budapeste.

Baran, 8. ve Ayyildiz, N. 2000. Systematic studies on Rhysotritia ardua (C.L. Koch) (Acari, Oribatida) in Erzincan and Erzurum Plains. Turco. J. Zool., 24: 231 - 236.

Baran, 8. ve Ayyildiz, N. 2004. Turkiye'de *Ramusella* Hammer, 1962 (Acari: Oribatida: Oppiidae) Speciesleri icin ilk kayitlar Turk. entomol. derg.,28 (1): 39-44 ISSN1010-6960.

Barker, P. 1968. Bionomics of *Androlaelaps casalis* (Berlese) (Acarina: Laelapidae) um predador de pragas de ácaros de cereais armazenados. Canadian Journal of Zoology, 1968, 46(6): 1099-1102, 10.1139/z68-157.

Basha, A. A. E. ve Yousef, A.T.A. 2001. Novas espécies de Laelapidae e Ascidae do Egipto: Genera *Androlaelaps* e *Blattisocius* (Acari: Gamasida). Acarologia (Paris). 41: 395-402.

Bayartogtokh, B. 2000. Oribatid Mites of the Genus Epilohmannia (Acari: Oribatida: Epilohmanniidae) do Japão e Mongólia. Systematic & Applied Acarology, (2000) 5, 187-206.

Bayartogtokh B., Grobler L. ve Qobanoglu, S. 2000. Uma nova espécie de Punctoribates (Acari : Oribatida: Mycobatidae) coletada de cogumelos na Turquia, com comentários sobre a taxonomia do gênero,Jornal do Museu Nacional Bloemfontein 16 (2):17-32.

Bayram, S. ve Cobanoglu, S. 2005. Mesostigmas (Acari) de plantas ornamentais bulbosas na Turquia. Acarologia, 45(4), 257-265.

Bayram, S. ve Cobanoglu, S. 2006. Fauna dos Ácaros (Acari: Prostigmata, Mesostigmata, Astigmata) de Plantas Coníferas na Turquia. 12th International Congress of Acarology, 21-26 August 2006, Amsterdam, The Netherlands.

Bayram, S. ve Cobanoglu, S. 2007. Fauna de ácaros (Acari: Prostigmata, Mesostigmata, Astigmata) de plantas de coníferas na Turquia. Turkish Journal of Entomology, 31(4), 279-290.

Bayram, S. ve Cobanoglu, S. 2009. Karagam agacindan *(Pinus nigra* J. F. Arnold) Specieskiye faunasi igin yeni ve bilinen Oribatid Akarlar (Acari:

Oribatida). BiTKi KORUMA BULTENi 2009, 49(4): 145-152.

Beard, J. J. 2001. A review of Australian Neoseiulus Hughes and Typhlodromips De Leon (Acari: Phytoseiidae: Amblyseiinae). Invertebrate Taxonomy, 15, 73158.

Beaulieu, F. 2009. Revisão do gênero ácaro *Gaeolaelaps* Evans & Till (Acari: Laelapidae), e descrição de uma nova espécie da América do Norte, *G. gillespiei* n. sp. Zootaxa. 2158: 33-49.

Behan-Pelletier, V. M. ve Eamer, B. 2008. Mycobatidae (Acari: Oribatida), da América do Norte. - Entomologista canadense 140: 73-110.

Bennett, S.M. 2003. Acarus siro (Ácaro da farinha). Sítio Web: http://www.the-piedpiper.co.uk/th7g.htm, Erisini Tarihi: 15.12.2016.

Billings, R. F. 1970. Parasitas e predadores de *Dendroctonus ponderosae* Hopkins (Coleoptera: Scolytidae) em pinho de ponderosa. Diss. 1970.

Binns, E.S. 1974. Notes on the biology of *Arctoseius cetratus* (Sellnick) (Mesostigmata: Ascidae). Acarologia. 16(4), 577-582.

Bisby F.A., Roskov Y.R., Orrell T.M., Nicolson D., Paglinawan L.E., Bailly N., Kirk P.M., Bourgoin T., Baillargeon G., Ouvrard, D. 2011. "Species 2000 & ITIS Catalogue of Life: 2011 Annual Checklist". Espécie 2000: Leitura, Reino Unido. Último 24 de setembro de 2012.

Boczek, J. ve Golebiowska, Z. 1959. Badania nad wystepowaniem roztoczy w magazynach w Polsce. Roczn. Nauk. roln. 79-A-4:969-988. (em polaco).

Boczek, J., Chyczewski, J., Lustgraaf, B. 1976. Estudos sobre a morfologia de alguns ácaros eriófitos (Acarina: Eriophycidea) das gramíneas e do alho. Universidade Agrícola de Varsóvia, 02-766 Warszawa-Ursynow, Polônia.

Bolland, H. R., Gutierrez, J. ve Flechtmann, C.H. 1998. Catálogo mundial da família dos ácaros (Acari: Tetranychidae). Brill. 392, Países Baixos.

Bora, T. ve Karaca, i. 1970. KulSpecies bitkilerinde hastaligin ve zararin olgulmesi. Ege Universitesi Yardimci Ders Kitabi, Yayin No: 167, E.U. Mat., Bornova-izmir, 8s.

Brady, J., 1970. Os ácaros das camas de aves, observações sobre a bionomia das espécies comuns, com uma lista de espécies para a Inglaterra e País de Gales. J. Appl. Ecol. 7: 331-348.

Bregetova, N. G. 1977. [Família Aceosejidae]. Em [Opredelitel' obytayshchikh v pochve kleshchey Mesostigmata = Chave de identificação dos ácaros que habitam o solo Mesostigmata], eds. M. S. Gilarov & N. G. Bregetova, 169-226. Leninegrado: Nauka.

Britto, E. P. J., Lopes P. C. ve De Moraes, G. J. 2012. *Blattisocius* (Acari, Blattisociidae) espécies do Brasil, com descrição de uma nova espécie, redescrição de Blattisocius keegani e uma chave para a separação das espécies mundiais do gênero. Zootaxa.3479: 33-51.

Broufas, G. D. ve Koevos, D. S. 2001. Desenvolvimento, sobrevivência e reprodução de Euseius finlandicus (Acari: Phytoseiidae) a diferentes temperaturas constantes Acarologia Experimental e Aplicada, 25: 441-460.

Bu, G.S. ve Li, L.S. 1998. Notas taxonómicas sobre e chave para espécies conhecidas do género *Rhizoglyphus* (Acari:Acaridae) da China. *Acarologia Sistemática e Aplicada,* 3, 179-182.

Budai, C., Regodouble acute's, A. 1997. A ocorrência de ácaro da folha de cebola *(Aceria tulipae* Keifer) em bulbos de alho. Novenyvedelem Vol.33 No.2 pp.53-56 ref.7.

Canbay, A., O. Bozbek, H. ve Qakirbay, I.F. 2011. Erzincan ili ortu altinda yelislirilen domina ve hiyarlarda gorulen zarararli Specieslerin tespiti ve populasyon gelisimi. Bitki Koruma Bulteni, 51(2): 119-146.

Casanueva, M.E. 1993. Estudos filogenéticos da vida livre e artrópodes associados a Laelapidae (Acari: Mesostigmata). Zoologia Gayana, 57, 21-46.

Castagnoli, M. 1984. Contributo alla conoscenza dei Tideidi (Acarina: Tydeidae) delle piante coltivate in Italia. Redia 67, 307-322. [Em italiano com resumo em inglês].

Cebolla, R., Pekar, S. ve Hubert. J. 2009. "Gama de presas do ácaro predador *Cheyletus malaccensis* (Acari: Cheyletidae) e a sua eficácia no controlo de sete pragas de produtos armazenados". Controle Biológico 50.1: 1-6.

Chant, D.A., McMurtry, J.A. 2006. A review of the subfamily Amblyseiinae Muma (Acari: Phytoseiidae): Parte IX. Uma visão geral. Int J Acarol 32: 125-152.

Chant, D.A. ve McMurtry, J.A. 2007. Chaves e diagnósticos ilustrados para os gêneros e subgêneros dos Phytoseiidae do mundo (Acari: Mesostigmata). Indira Publishing House, 220 p, West bloomfield.

Chen, J.S. ve Lo, K.C. 1989. Susceptibilidade de dois ácaros bulbos, *Rhizoglyphus robini* e *Rhizoglyphus setosus* (Acarina: Acaridae), a alguns acaricidas e inseticidas. Exp. Aplic. Acarol. 6: 55-66.

Chen Ho, J. 2008. Ácaros do bulbo, *Rhizoglyphus* (Acari: Acaridae). Encyclopedia of Entomology. pp 611-614. ISBN 978-1-4020-6242-1.

Chistyakov, M.P. 1972. Desenvolvimento pós-ventembriônico de *Tectocepheus velatus* (Oribatei) Zool. Zhur., 51: 604- 607.

Chmielewski, W. 1972. Ácaros que ocorrem em produtos alimentares. The Morphology,Biology and Ecology of *Carpoglyphus lactis* (L., 1758)

(Glycyphagidae, Acarina). Prace NaukoweInstytutu-Ochrony-Roslin. 13(2):167-186.

Chmielewski, W. 2000. Parâmetros da história de vida do *Acarus siro* L. (Acari: Acaridae) alimentado com trigo sarraceno. Fagopyrum, 17:73-75.

Chmielewski, W. 2002. Bionomics of *Glycyphagus domesticus* (De Geer) (Acari: Giycyphagidaei alimentando-se de sementes de trigo sarraceno. Fagopyrum 19: 105-108.

Chmielewski, W. 2003. Effect of buckwheat sprout intake on population increase of *Caloglyphus berlesei* (Michael) (Acari: Acaridae. Fagopyrurn 20: 85-88.

Christie, JE. 1983. uma nova espécie de *Alliphis* (Mesostigmata: Eviphididae) da Grã-Bretanha. Acarologia 231-244.

Coskuncu, N. S., Gender K.S. ve Kumral, N.A. 2005. "Bursa ilinde incir Bahgelerinde Gorulen Zararli ve Yararli Specieslerin SaptanmasI." J. de Fac. de Agric., OMU 20.2 (2005): 24-30.

Courtin, O., Fauvel, G. ve Leclant, F. 2000. Efeitos da temperatura e humidade relativa no desenvolvimento do ovo e da ninfa da *Aceria tulipae* (K.) (Acari: Eriophyidae) sobre as folhas de alho *(Allium sativum* L.). Anais de Biologia Aplicada 137:207.

Cunnington, A.M. 1965. Physical Limitis For Complete Development of The Grain Mite *Acarus siro* L. (Acarina: Acaridae) in Relation to its World Distribution. J.Appl.Ecol,2:295-306.

(akmak, G., Ba§pinar, H., Madanlar, N. 2003. Aydin ili ortu alti ci lek alanlarinda zarararli kirmizi orumcekler ve dogal du§manlarin populasyon yogunluklari. Specieskiye Entomoloji Dergisi 27: 191-205.

(akmak, i., Faraji F., (obanoglu, S. 2011. Uma lista de verificação e chave para as espécies Ascoidea e Phytoseioidea (exceto Phytoseiidae) da Turquia com três novos registros de espécies (Acari: Mesostigmata). Speciesk. entomol. derg., 2011, 35 (4): 575-586 ISSN 1010-6960.

(elik, N. 2009. Identificação de espécies de ácaros e determinação das suas relações em casas de doentes asmáticos alérgicos em Samsun, Turquia. Samsun (Turquia)Ondokuz Mayis Univ., Graduate School of Natural and Applied Sciences, Samsun (Turquia). Acarologia Experimental e Aplicada, Volume 53, Número 1, pp 41-49.

(obanoglu, S. ve Toros, S. 1988. Ka§ar peynirlerinde zarararli akarlar. Gida, 13: 409-415.

(obanoglu, S. 1989. Antalya ili sebze alanlarinda tespit edilen Phytoseiidae

Berlese,1915 (Acarina: Mesostigmata) Speciesleri. Bitki Koruma Bulteni, 29(1-2), 47-64.

(obanoglu, S. 1991. Uma lista anotada de ácaros sobre a aveleira da Turquia. Israel Journal of Entomology. 35-40 pp.

(obanoglu S. 1992. Uma lista anotada de ácaros sobre a aveleira da Turquia. Israel Journal of Entomology, 25: 35-40.

(obanoglu, S. 1993a.Specieskiye'nin Onemli Elma Bolgelerinde Bulunan Phytoseiidae (Parasitiformis) Speciesleri Uzerinde Sistematik gali§malar I. Specieskiye Entomoloji Dergisi, 17(2):41-54.

(obanoglu, S. 1993b.Specieskiye'nin Onemli Elma Bolgelerinde Bulunan Phytoseiidae (Parasitiformis) Speciesleri Uzerinde Sistematik gali§malar IV. Specieskiye Entomoloji Dergisi, 17(4):239-255.

(obanoglu, S. 1993c.Specieskiye'nin Onemli Elma Bolgelerinde Bulunan Phytoseiidae (Parasitiformis) Speciesleri Uzerinde Sistematik gali§malar III. Specieskiye Entomoloji Dergisi, 17(3):175-192.

(obanoglu, S. 1995. Alguns novos Tarsonemidae (Acarina:Prostigmata) para a Acarofauna Turca. Specieskiye Entomoloji Dergisi. 19(2):87-94.

(obanoglu, S. 1996. Typhloctonus Muma, 1961 (Acarina: Phytoseiidae) Species, from Thrace of Turkey. Doga, Speciesk Tarim ve Ormancilik Dergisi, 20: 353-357.

Cobanoglu, S. ve Bayram, 8. 1998. Mites (Acari) e moscas (Insecta: Diptera) de cogumelos naturais comestíveis (Morchella: Ascomycetes) em Ankara, Turquia. Em Bulletin & Annales de la Societe Royale Belge d'Entomologi, 134(3),187-198.

Cobanoglu, S. ve Bayram, 8. 1999. Espécies de ácaros (Acari) associadas a plantas rosas cultivadas e silvestres em Camlidere, Turquia. Revista Mensal do Entomologista, 135, 245-248.

Cobanoglu S. ve Kazmierski, A. 1999. Tydeidae e Stigmaidae (Acari, Prostigmata) de pomares, árvores e arbustos na Turquia. Boletim Biológico de Poznan, 36 (1): 71-82.

Cobanoglu, S. 2000. "Dados recentes sobre o conhecimento de Tarsonemidae (Acarina: Heterostigmata) na Turquia". Revista Turca de Entomologia 24.4.

Cobanoglu, S., 2001. Espécies de ácaros mesostigmáticos (Acari:Mesostigmata) novos registros para a fauna benéfica da Turquia (II).

Cobanoglu, S. ve Kirgiz, T. 2001. Observações sobre os ácaros coreticos (Acari) associados aos Scarabaeidae (Col.) na Turquia. Revista mensal Entomologist's Monthly, 137: 85-89.

Cobanoglu,S. Bayram, §. ve Ozman,S. K. 2002. Zerconidae e Uropodidae (Acari,

Gamasina) espécies da Turquia. Phytophaga,XII: 3-8.

Cobanoglu S. 2004. Phytoseiid mites (Mesostigmata: Phytoseiidae) de Thrace, Turquia. Israel Journal of Entomology, 34: 83-107.

Cobanoglu, S. Artik, N. ve Bayindirli, L. 2004. Malatya, Elazig ve izmir illerinde depolannns kuru kayisilarda zarar yapan acarina takimina bagli Specieslerin tanimi, yogunluklari yayili$lanmn belirlenmesi uzerine arastirmalar. TUBiTAK TOGTAG TARP proje no: 2573-6, 2003:1,119, ekler.

Cobanoglu, S. 2006. Ácaros (Acari) associados a damascos armazenados nas províncias de Malatya, Elazig e izmir da Turquia. Turk. entomol. derg., 2008, 32 (1): 3-20 ISSN 1010-6960.

Cobanoglu, S. 2008. Ácaros (Acari) associados a damascos armazenados nas províncias de Malatya, Elazig e izmir da Turquia. Revista Turca de Entomologia, 32 (1):3-21.

Cobanoglu, S. 2009. Análise da densidade populacional de ácaros de alperces secos armazenados na Turquia. International Journal of Acarology, 35 (1): 67-75.

Cobanoglu, S. ve Kumral, N. A. 2014. Ankara, Bursa ve Yalova illerinde domina yetistirilen alanlarda zararli ve faydali akar (Acari) biyolojik cesilliligi ve populasyon dalgalanmasi. Turkish Journal of Entomology, 38(2), 197-214.

Qobanoglu, S., Ueckermann, E.A. e Kumral, N.A. 2015. Um novo *Tetranychus* Dufour (Acari: Tetranychidae) associado com Solanaceae da Turquia. Jornal Turco de Zoologia, 39(4), 565-570.

Qobanoglu, S. ve Kumral, N.A., 2016. A biodiversidade, densidade e tendência populacional dos ácaros (Acari) em *Capsicum annuum* L. nas zonas temperadas e semi-áridas da Turquia 1. Acarologia Sistemática e Aplicada, 21(7), 907-918.

Qobanoglu, S., Ueckermann, E.A. ve Saglam, H.D. 2016. As Tenuipalpidae da Turquia, com uma chave para as espécies (Acari: Trombidiformes). Zootaxa, 4097(2), 151186.

Qikman, E.,Yucel, A. ve Qobanoglu, S. 1996 . §anliurfa ili sebze alanlarinda bulunan akar Speciesleri, yayili§lari ve konukgulari. Specieskiye III. Entomoloji Kongresi Bildirileri, 24-28 Eylul, Ankara, Turquia, pp. 517-525.

Da Silva, G.L., Metzelthin, M.H., Da Silva, O.S. ve Ferla, N.J. 2016. Catálogo da família dos ácaros Tydeidae (Acari: Prostigmata) com a chave mundial para a espécie. Zootaxa, 4135(1), 1-68.

Davis, J. J. 1966. Estudos de Queensland Tetranychidae. 1. *Oligonychus digitatus* sp.n. (Acarina: Tetranychidae), um ácaro de aranha das gramíneas. Qd. J. agric. anim. Sci. 23: 569-572.

Debnath P. ve Karmakar, K. 2012. Ácaro do alho, *Aceria tulipae* (Keifer) (Acari: Eriophyoidea) - uma ameaça para o alho em Bengala Ocidental, Índia. Journal International Journal of Acarology Volume 39, 2013 - Edição 2.

De Moraes, G.J., Venancio, R., dos Santos, V.L. e Paschoal, A. D. 2015. Potencial de Ascidae, Blattisociidae e Melicharidae (Acari: Mesostigmata) como agentes de controle biológico de organismos de pragas, In: Prospects for Biological Control of Plant Feeding Mites and Other Harmful Organisms. Carillo, D., de Moraes, G.,J. ve Pena, J.,E. (eds), Springer International Publishing, 33- 75, Cham.

Denizhan, E. ve Qobanoglu, S. 2010. Van Golu havzasinda *Ulmus campestris* L. (Ulmaceae) uzerinde tespit edilen eriophyoid akarlar (Acari: Prostigmata: Eriophyoidea). Speciesk. entomol. derg., 34 (4): 543-549 .ISSN 1010-6960 (SCI-E).

Denizhan, E. 2011. Eriophyid mites (Acari: Eriophyidae) da Turquia Zoosymposia 6: 51-55 (2011).

Denizhan, E. 2012. Specieskiye eriophyoid faunasi icin yeni bir kayit: *Aceria tulipae* (Keifer, 1938) (Acarina:Eriophyoidea), Bitki Koruma Bulteni, 52(1):119-122.

Denizhan, E., Monfreda, R., De Lillo, E. ve Qobanoglu, S. 2015. Eriophyoid fauna dos ácaros (Acari: Trombidiformes: Eriophyoidea) da Turquia: novas espécies, novos relatórios de distribuição e um catálogo actualizado. Zootaxa, 3991(1), 1-63.

Diaz, A., Okabe, K., Eckenrode, C.J., Villani, M.G., Oconnor, B.M. 2000. Biologia, ecologia e manejo dos ácaros bulbos do gênero Rhizoglyphus (Acari: Acaridae). Exp Appl Appl. Acarol., 24(2):85-113.

Dik, B., F., Guglu, Cantoray, R., Gulbahge, S. ve Stary, J. 1999. Konya Yoresi Oribatid Akar Speciesleri (Acari: Oribatida), Mevsimsel Yogunluklari ve onemleri. Tr. J. of Veterinary and Animal Sciences 23 (2), 385-391.

Diler, H.O ve Ozman, S. K. 2011. Findik Bahgelerinde Bulunan Yabanci Otlardaki Eriophyoid Akar Speciesleri. Specieskiye IV. Bitki Koruma Kongresi Bildirileri 28-30 Haziran 2011, Kahramanmaras.

Dogan, S., Sevsay, S ve Ayyildiz. N. 2015. "The mite fauna of Ek§isu Marshes in Erzincan (Turquia)" Jornal Turco de Zoologia 39.4 (2015): 571-579.

Doker, I., Stathakis, Th.I., Kazak, C., Karut, K. ve Papadoulis, G.Th. 2014. Quatro novos registros e duas novas espécies de Phytoseiidae (Acari: Mesostigmata) da Turquia, com uma chave para as espécies turcas. Zootaxa, 3827, 331-342.

Doker, I., Kazak, C.ve Karut, K. 2016. Contribuições para a fauna Phytoseiidae (Acari: Mesostigmata) da Turquia: variações morfológicas, doze novos registros, re-descrição de algumas espécies e uma chave revisada para as espécies turcas. Acarologia Sistemática e Aplicada, 21(4), 505-527.

Duek, L., Kaufman, G., Palevsky, E., Berdicevsky, L. 2001. Ácaros nas Culturas Fúngicas. Mycoses, 44, 390-394.

Diizgiines, Z. 1980. Kuguk arthropodlari toplanmasi, saklanmasi ve mikroskobik preparatlarinin preparatlarin hazirlanmasi. T.C. Tarim ve Hayvancilik Bakanligi, Zir. Muc. Kar. G. Md. Yay. Ankara, 77s.

Duzgunes, Z. ve Kilig, S. 1983. Specieskiye'nin onemli elma bolgelerinde bulunan Phytoseiidae (Acarina) Specieslerinininin tespiti, bunlardan *Tetranychus viennensis* Zacher (Acarina: Tetranychidae) ile iliskileri bakimindan en onemli Speciesun etkinligi uzerinde arastirmalar. DogaBilim Dergisi, 8: 193-205.

Easterbrook, M. A., Fitzgerald, J. D.ve Solomon, M. G. 2001. "Biological control of strawberry tarsonemid mite *Phytonemus pallidus* and two-spotted spider mite *Tetranychus urticae* on strawberry in the UK using species of Neoseiulus (Amblyseius)(Acari: Phytoseiidae)". Acologia experimental e aplicada 25.1: 25-36.

Ecevit, O. 2005. "Tokat ilinde Elma *(Malus communis* L.) Bahgelerinde Gorulen Bitki Zararlisi ve Predator Akar Speciesleri . J. of Fac. of Agric., OMU 20.1 (2005): 18-23.

Ehler, L. E. ve Frankie. G. W. 1979. "Arthropod fauna de carvalho vivo em estandes urbanos e naturais no Texas. III. Fauna dos ácaros Oribatides (Acari)". Journal of the Kansas Entomological Society (1979): 344-348.

Elma, F. N. ve Alaoglu, O. 2008. Konya ilinde peyzaj alanlarindaki agag ve galilarda bulunan zararli akar Speciesleri ve dogal du§manlari. Turk. entomol. derg., 2008, 32 (2): 115-129 ISSN 1010-6960 Orjinal arastirma (Artigo original).

Emekgi, M. ve Toros, S. 1989. *Acarus siro* L. (Acarina:Acaridae)'nun Degi§ik Sicaklik ve Nem Ortamlarindaki Gel i si mi Uzerinde Arastirmalar. Speciesk. entomol derg., 13 (4): 217-228 (1989).

Emekgi, M. ve Toros, S. 1994. *Acarus siro* L.(Acarina,Acaridae) ve *Lepidoglyphus Destructor* (Schrank) (Glyclphagidae:Acari) ile Avcisi *Cheyletus eruditus* (Schrank) (Cheyletidae:Acari) Arasindaki Bazi Biyolojik iliskiler Uzerinde Arastirmalar. A.U. Fen Bilimleri Enstitusu.(Doktora Tezi.) 176s.

Emekgi, M. ve Toros, S. 2000. Depolanmis hububat akarlari uzerinde arastirmalar. : Orta Anadolu'da hububat tarimininin sorunlari ve gozum yollari Sempozyumu, Konya, Turquia, 8-11 Haziran 1999. 2000 pp.483-490 ref.20.

Emmanuel, N., Curry, J. P. ve Evans, G. O. 1985. Estudos sobre as populações de ácaros de cevada e ervas daninhas. Anais da Academia Real Irlandesa. Seção B: Biological, Geological, and Chemical Science Vol. 85B (1985), pp. 37-46.

Erkan, S. 1998. Tohum Patolojisi. Gozdem Ofis, VI, 275s.

Erman, O., Ozkan, M., Ayyildiz, N. ve Dogan, S. 2007. Lista de verificação dos ácaros (Arachnida: Acari) da Turquia. Segundo suplemento. Zootaxa 1532, 1-21.

ErSpeciesk, H. 1953. *Rhizoglyphus echinopus* Akarlarina karsi Hyacinthus (sumbul) Soganlarininin Mehyl bromide ile Fumigasyomu izmir - Bornovla Ziraat Mucadele Enstitusu, 5:31-37.

Ersin, F., Madanlar, N. 2006. Sera sebzelerinde kullanilan bazi pestisitlerin aci akar *Phytoseius persimilis* (Acarina:Phytoseiidae)'e laboratuvar kosullarinda etkileri uzerine arastirmalar Specieskiye Entomoloji Dergisi, 30(1):67-80.

Estal, P. del, Arroyo, M., Vinuela, E., Budia, F. 1985. Ácaros que atacam os cultivos de alho em Espanha: Anales del Instituto Nacional de Investigaciones Agrarias, Agricola Vol.28 No.Num. Extr. pp.131-145 ref.42.

Evans, G. O. 1955. Ácaros britânicos do gênero Veigaia Oudemans (Mesostigmata- Veigaiaidae). Anais do Museu Britânico (História Natural) (BM (NH). 17:46 pp.

Eyndhoven, G.L. Van. 1963. O lectotipo de *Acarus telarius* Linnaeus 1758 (Acar.) Notule e Tetranychidas 10. Entomol. Ber. Amst., 23:121-122.

Fan, Q. H. ve Zhang, Z.-Q. 2003. *Rhizoglyphus echinopus* e *Rhizoglyphus robini* (Acari: Acaridae) da Austrália e Nova Zelândia: identificação, plantas hospedeiras e distribuição geográfica. Systematic & Applied Acarology Society Landcare Research, Private Bag 92170, Auckland, Nova Zelândia.

Fã, Q.-H. ve Zhang, Z.-Q. 2005. Raphignathoidea (Acari: Prostigmata). Fauna da Nova Zelândia 52. Manaaki Whenua Press, Lincoln, 400 pp.

Fã, Q.H. ve Zhang, Z.Q. 2007. *Tyrophagus* (Acari: Astigmata: Acaridae). Fauna da Nova Zelândia, 56: 291.

Faraji, F., Cobanoglu, S. ve Qakmak, I. 2011. Uma lista de verificação e uma chave para as espécies Phytoseiidae da Turquia com dois novos registros de espécies (Acari: Mesostigmata). Revista internacional de Acarologia, 37(sup1), 221-243.

Flechtmann, C. HW. ve Knihinicki, D. K. 2002. Novas espécies e novo registro de *Tetranychus* Dufour da Austrália, com uma chave para os principais grupos deste gênero baseada em fêmeas (Acari: Prostigmata: Tetranychidae). Australian Journal of Entomology (2002) 41, 118-127.

Fouly, A. H. 1997. "Effects of presy mites and pollen on the biology and life tables of *Proprioseiopsis asetus* (Chant) (Acari, Phytoseiidae)". Journal of Applied Entomology 121.1-5 (1997): 435-439.

Franklin, E., Santos, E. M. R. ve Albuquerqu,. "M. I. C. 2009 Diversidade e distribuição de ácaros oribatites (Acari: Oribatida) em uma floresta de planície no Peru e em vários ambientes dos estados brasileiros do Amazonas, Rondônia, Roraima e Pará". Revista Brasileira de Biologia 66.4 (2006): 999-1020.

Fumouze, A. veia Robin, C. 1868. Observações sobre une esp'ece nouvelle d'acariens du genre *Tyroglyphus*. J. Anat. Physiol. Norm. Pathol. Homme Animaux. 5: 287302.

Galvao, A. S., Gondim, M.G.C. ve De Moraes G.J. 2011. "Distribuição de *Aceria guerreronis* e *Neoseiulus baraki* entre e dentro de cachos de coco no nordeste do Brasil". *Acarologia Experimental e Aplicada* 54.4: 373-384.

Garman, P. 1937. Um estudo do ácaro (*Rhizoglyphus hyacinthi* Banks). Bul l. Conn. Agric. Exp. Sta. 402: 889-907.

Gene, H. ve Ozar, A.i 1986. izmir ilinde ambarlanmis urunlerde bulunan akarlar uzerinde on galismalar. Specieskiye Bitki Koruma Dergisi. 10(3):175-183 ISSN: 0254-5454.

Genger, N., Coskuncu, K. ve Kumral, N. 2012. "Bursa ilinde incir Bahgelerinde Gorulen Zararli ve Yararli Specieslerin Saptanmasi." (2012): 24-30.

Gentry, J.W. 1965. Crop Insects of Northeast Africa-Southwest Asia. Serviço de Pesquisa Agrícola, Departamento de Agricultura dos Estados Unidos. Agriculture handbook, 273, 210 pp.

Gerson, U., Yathom, S. ve Katan, J. 1981. Uma demonstração de controle de ácaros de controle de bulbos, adeus ao aquecimento solar do solo. Phytoparasitica 9:153-155.

Gerson, U., Capua, S., Thorens, D. 1983. Life History And Life Tables OF *Rhizoglyphus robini/* Clarapede (Acari : Astigmata : Acaridae). Acarologia, t. XXIV, fasc. 4, 1983.

Gerson, U., Yathom, S. ve Sidney, L. P. 1985. Management of Bulb Mites (*Rhizoglyphus* spp.) Through a Study of Their Biology and Ecology: Relatório Final. BARD, 158 pp.

Ghilarov, M.S. 1963 "In Soil Organism I" Doeksen and van der Drift, (eds.), North Holland Publ. Co., Amsterdam 1963, pp. 255-259.

Girisgin, A.O., Gulegen, E., Girisgin, O. 2006. Bir Bombus Arisinda *Macrocheles* sp. (Acarina: Macrochelidae) Olgusu. Specieskiye Parazitoloji Dergisi, 30 (3): 217-219, 2006 Acta Parasitologica Turcica © Specieskiye Parazitoloji Dernegi © Sociedade Turca de Parasitologia.

Griffiths, D.A., Atyeo, W.T., Norton, R.A. ve Lynch, C.A. 1990. A chaetotaxi idiosomal dos ácaros astigmatizados. Journal of Zoology, 220: 1-32

Goracci E, Lazzeri S, Zuccherelli D, Rossetti M, Poggianti AM. Acari de instalações de armazenamento de alimentos. Um estudo ecológico e imuno-alérgico. Quad Sclavo Diagnóstico 1985;21(4):436-46

Gotleib, Y. ve Mor, N. 2015. Pestes e Doenças das Flores em Israel: Determinação e Controlo. Israel Ministry of Agriculture, Extension Services.

Goven, M. A., Cobanoglu, S., Guven, B. ve Topuz, M. 1999. Investigações sobre a fauna de ácaros fitoideideos em vinhedos da Região de Agean. Anais do 4° Congresso Nacional Turco de Controle Biológico; 491-500, Adana.

Goven, M. A., Cobanoglu, S. ve Guven, B. 2009. Ege Bolgesi bag alanlarindaki avci akar faunasi. Bitki Koruma Bulteni, 49(1):1-10.

Guldali, B. ve Cobanoglu, S. 2010. Kuru meyve akari *Carpoglyphus lactis* (L.) (Acari: Carpoglyphidae)'in farkli sicaklik ve nem ortamlarindaki gelisnie esigi ve ya§am gizelgeleri uzerine arastirmalar. Speciesk. entomol. derg., 34 (1): 53-65 ISSN 1010-6960.

Gulegen E, Girisgin O, Kutukoglu F, Girisgin AO, Coskun SZ. 2005. Espécies de ácaros encontrados no pó da casa em casas em Bursa. Turkiye Parazitol Derg 2005;29(3):185-187.

Gultekin, N. ve Ozkan M. 1999. Erzurum il merkezinde depolanan urunlerde saptanan akarlar uzerine arastirmalar. Speciesk. entomol. derg., 1999, 23 (4) : 289-303 ISSN 1010-6960.

Guven, B. ve Madanlar, N. 2011. izmir ili sefkili bahgelerinde bulunan zararli akarlar ile predatoru olan akar Speciesleri. Speciesk. biyo. muc. derg., 2 (2): 119-126 ISSN 2146-0035).

Grandjean, F. 1964. La solenidiotaxie des Oribates. Acarologia 6:529-556.

Grobler, L. Bayram, §. ve Cobanoglu, S. 2004. Two new species and new records of oribatid mites from Turkey, International Journal of Acarology, 30:4, 351-358, DOI: 10.1080/01647950408684405.

Grobov, O. F. 1978. Kleshchi medonosnoy pchely *(Apis mellifera* L.): ikh znachenie i osnovnue printsypy bor's kleschchevymi porazheniyami [= Ácaros da abelha *(Apis mellifera* L.): seu significado e princípios principais de controle de doenças causadas por ácaros]. Tese de Doutoramento em Ciências (Habilitação). 536. Moscovo: Instituto de Veterinária Experimental de toda a União, Academia de Ciências Agrárias de toda a União.

Hafez, S.M. 1989. Infestação por ácaros ácidos no campo de alho e armazenamento [Egipto]. Organização das Nações Unidas para a Alimentação e Agricultura.

Hage-Hamsten-van ME, Johansson A, Wiren S, Johansson, G. 1991. Os ácaros de armazenamento dominam a fauna no pó do celeiro sueco. Alergia 46:142-146.

Haifan, Q. ve Zhang, Z.Q. 2003. *Rhizoglyphus echinopus* e *Rhizoglyphus robini* (Acari: Acaridae) da Austrália e Nova Zelândia: Identificação, plantas hospedeiras e distribuição geográfica. Publicações Especiais de Acarologia Sistemática e Aplicada, 16: 1-16.

Haines. C.P. 1981 .Insectos e aracnídeos de produtos armazenados: um relatório sobre espécimes recebidos pelo Tropical Stored Products Centre 1973-77. Rep.Trop.Prod.Inst. (L54):73 p.

Halliday RB. 1997. Revisão dos Ameroseiidae australianos (Acarina: Mesostigmata). Invertebrate Taxonomy 10: 179-201.

Halliday, R. B., Walter, D. E. ve Lindquist E. E. 1998. Revision of the Australian Ascidae (Acari: Mesostigmata). Invertebrate Taxonomy, 12: 1-54.

Halliday, R.B. 2000. As espécies australianas de Macrocheles (Acarina:Macrochelidae). Invertebr Taxon 14: 273-26.

Halliday, R.B. ve Knihinicki, D.K. 2004. A ocorrência de *Aceria tulipae* (Keifer) e *Aceriatosichella* Keifer na Austrália (Acari: Eeriophyidae). International Journal of Acarology 30(2): 113-118.

Halliday, R. B. 2008. *"Alliphis siculus* (Oudemans 1905) não é sinónimo de *Alliphis halleri* (G. & R. Canestrini 1881)(Acari: Eviphididae)". Acarologia Sistemática e Aplicada 13.1: 51-64.

Hammer, M. 1962. Investigações sobre a fauna oribatida da Cordilheira dos Andes III. Chile. BioI. Skr. Dan. Vid. Selsk., 13: 1-96.

Hatzinikolis, E. N. ve Emmanouel, N. G. 1991. Uma revisão do gênero *Bryobia* na Grécia (Acari: Tetranychidae). Entomologia Hellenica, 9, 21-34.

Hiroshi, N. 2009. Estudos sobre ácaros (Acari: Astigmata) que danificam plantas hortícolas II. danos às plântulas de legumes. Japanese Journal of Applied Entomology and Zoology. http:// ci.nii.ac.jp /naid/ (Erisim tarihi: Aralik 2016).

Ho, C. C. ve Chen, J. S. 1987. Um novo recorde de ácaro bulbo, *Rhizoglyphus setosus* Manson (Acarina: Acaridae), de Taiwan. Journal of Agricultural Research, 36: 237238.

Huang, K. 2008. "Aceria (Acarina: Eriophyoidea) em Taiwan: cinco novas espécies e anomalias vegetais causadas por dezesseis espécies" (excerto

PDF). Zootaxa. 1829: 1-30.

Hubert, J. 2001.   "Oribatidmites" (Acari: Oribatidmites
(Acari: Oribatida)
terra devolvida e não devolvida. Perto de Chvaletice (CzechRepublic)".
Acta Soc. Zool. Bohem 65 (2001): 5-16.

Hughes, A. M. 1948. Os ácaros associados a produtos alimentares armazenados
p.168. Min. Agr. e Pesca, Londres.

Hughes, R. D. ve Jackson, C. G. 1958. Uma revisão do Anoetidae (Acari).
Virginia Journal of Science. 8: 5-198.

Hughes, A. M. l961 - The Mites of Stored Food. - Boletim do Ministério da
Agricultura, Pesca e Tecnologia Alimentar 9. Londres. 287 pp.

Hughes, A.M. 1976. Os ácaros dos alimentos armazenados e das casas. Boletim
Técnico, Ministério da Agricultura, Pesca e Alimentação, (9, Ed. 2).
Londres.400 pp.

Hoda, F. M., El-Naggar, M. E., Taha, H. A., El-Beheiry, M. M. 1990. Ácaros
prostigmatizados associados a produtos armazenados. Agricultural
Research Review (Revisão da Pesquisa Agrícola). Vol.68 No.1 pp.77-85
ref.20. ISSN : 0374-5252.

Hurlbutt, H.W. 1970. Gamasellodes bicolor (Berlese, 1918) (Acarina : Ascidae)
e seus parentes. - Acarologia, 12: 474-478.

Hurlbutt HW. 1983. A sistemática e distribuição geográfica da Veigaiidae da
África Oriental (Acarina: Mesostigmata). Acarologia 24(2): 129-143.

Hyatt, K. H. 1980. Ácaros da subfamília Parasitinae (Mesostigmata: Parasitidae)
nas Ilhas Britânicas. Boletim do Museu Britânico (História Natural).

Isikber, A. A. A., Ozdamar H. U., Karci, A. 2005. Kahramanmaras ve Adiyaman
illerinde Depolanmis Bugdaylar Uzerinde Rastlananan Bocek Speciesleri
ve Bulasma Oranlari. KSU Fen ve Muhendislik Dergisi 8(1).

Ivan, O. 2009. Diversidade e distribuição dos ácaros oribatidos (Acari, Oribatida)
em alguns ecossistemas de prados da seção inferior do prado de Prut
(Romênia). Lucrari stiintifice USAMV Iasi, s. Agronomie, 52.

incekulak, R. ve Ecevit, O. 2002. Uma pesquisa sobre a determinação de espécies
de ácaros nocivos e benéficos em pomares de maçãs em Amasya e suas
densidades populacionais. Proc. Fifth Turkish National Congress of
Biological Control, Erzurum, pp 297-314.

iyriboz, N. 1940. incir Hastaliklari. Zir. Muc. istasyonu, izmir, 10-13 s.

Jeppson, L.R., Keifer, H.H. ve Baker, E. W. 1975. Ácaros prejudiciais às plantas
económicas. Univ of California Press, 528, EUA.

Kanungo K., 1969. A migração de hemócitos através da epiderme de Caloglyphus
berlesei. -Ann. Ent. Soc. Am., 62 : 155-157.

Karaca, M. 2011. Stratonikeia antik kenti ve cev resinin (Yatagan-Mugla) faunasi. Yuksek lisans tezi. Pamukkale Universitesi Fen Bilimleri Enstitusu, 2011.

Karg, W., 1971. Acari (Acarina), Milben Unterordnung Anatinochaeta (Parasitiformes). Die freilenebenden Gamasia (Gamasides), Raubmilben. In: Die Tierwelt Deutschlands und der agrenzenden Meeresteile, 59. Teil. Gustav Fisher Verlag, Jena, 475 pp.

Karg, W. 1983. Systematische untersuchung der Gattungen und Untergattungen der Raubmilben familie Phytoseiidae Berlese, 1916, mit der Beschreibung von 8 neuen Arten. Mitt. Zool. Mus. Berlin 59: 293-328.

Karg, W. 1991. Die Raubmilbenarten der Phytoseiidae Berlese (Acarina) *Mitteleuropas sowie* angrenzender Gebiete: Zoologische Jahrbucher Systematik, Alemanha, 118(1), 1-64.

Karg, W. 1993. Acari (Acarina), Milben Parasitiformes (Anactinochaeta) Cohors Gamasina Leach. Raubmilben. Jena, Stuttgart, New York Gustav Fischer Verlag, p. 96-114.

Kasap, i. ve Cobanoglu, S. 2006. Dinâmica populacional de *Bryobia rubrioculus* (Scheuten) (Acari: Tetranychidae) e seus predadores em pomares de maçã pulverizados e não pulverizados em Van. Turkish Journal of Entomology, 30: 89-98.178.

Kasap, i. ve Cobanoglu, S. 2007. Fauna de ácaros (Acari) em pomares de maçãs em redor da bacia do Lago Van da Turquia. Speciesk. entomol. derg., 2007, 31 (2): 97-109.

Kasap, i. ve Cobanoglu, S. 2009. Phytoseiid mites da província de Hakkari, com *Typhlodromus* (Anthoseius) tamaricis Kolodochka, 1982 (Acari: Phytoseidae), um novo recorde para a fauna predatória dos ácaros da Turquia. Jornal Turco de Zoologia, 33(3), 301-308.

Kasap, i., Cobanoglu, S. ve Pehlivan, S. 2013. Canakkale ve Balikesir illeri yuniusak cekirdekli meyve agaglari ve yabanci otlar uzerinde bulunan predador akar Speciesleri. Speciesk. biyo. muc. derg., 4 (2): 109-124 ISSN 2146-0035.

Kasuga, S. ve Amano, H. 2000. Influência da temperatura nos parâmetros da história de vida do *Tyrophagus similis* Volgin (Acari: Acaridae). Applied Entomology and Zoology, 35(2), 237-244.

Kaul, M. K. 1997. Plantas Medicinais de Caxemira e Ladakh. Indus Publishing Co. , Nova Deli, Índia, pp.96-97.

Kazmierski, A. 2009. Três novas espécies de Tydeinae (Acari: Actinedida: Tydeidae) da Polónia. Annales Zoologici.59: 107-117.

Khademi N., Saboori A. ve Faraji, F. 2006. Fauna de Mesostigmas em pomares de citrinos na região de Jahrom, Irão, p. 91. In: Bruin J. (ed.), Abstract book of 12th International Congress of Acarology, Amesterdão.

Khanjani, M. ve Ueckermann, E. A. 2003. Quatro novas espécies de tydeid do Irã (Acari: Prostigmata). Zootaxa 182, 1-11.

Keifer, H.H., Baker, E.W., Kano, T., Delfinado, M. ve Styer, W.E., 1982. Um guia ilustrado das anormalidades vegetais causadas pelos ácaros Eriophyid na América do Norte. Manual de Agricultura Número 573. Departamento de Agricultura dos Estados Unidos da América.

Kilig, N., Toros, S., 2000. Tekirdag ili ve gevresinde depolanan urunlerde akarlar, yogunluklari ve konukgulari ile onemli gorulen Speciesun biyolojisi uzerinde ara§tirmalar. Ankara, 180s.(Doktora tezi).

Kilig, T., Cobanoglu, S., Yolda§, Z. ve Madanlar, N. 2012. izmir ilinde taze sogan tarlalarinda bulunan akar (Acari) Speciesleri. Speciesk. entomol. derg., 2012, 36 (3): 401-411. ISSN 1010-6960.

Krantz, G.W. 1978. Um manual de acarologia (Ed. No. 2). Oregon State University Book Stores, Inc., 509, USA.

Kumral, N. A. ve Kovanci, B. 2004. Bursa ili Zeytin Agaglarmda Bulunan Akar Speciesleri. Uludag.Univ.Zir.Fak.Derg., (2004) 18(2): 25-34.

Kumral, N. A. 2005. Bursa Ilinde Iliman iklim Meyvelerinde Bulunan Zararli ve Dogal Busman Akarlarin Saptanmasi ve Panonychus ulmi (Koch)'nin Bazi Pestisitlere Karsi Duyarliligi Uzerinde Arastirmalar. Uludag Universitesi, Fen Bilimleri Enstitusu, Bitki Koruma Anabilim Dali, (Basilmamis) Doktora Tezi, 157s.

Kumral, N.A. ve Kovanci, B. 2007. A diversidade e abundância de ácaros em pomares de árvores de fruto decíduas convencionais e sem agroquímicos de Bursa, Turquia. Turco. Entomol. Derg., 31(2), 83-95.

Kumral, N.A. ve Cobanoglu, S. 2015a. O potencial das plantas de sombra noturna (Solanaceae) como plantas de reservatório para pragas e ácaros predadores. Turkish Journal of Entomology, 39(1), 91-108.

Kumral, N.A. ve Cobanoglu, S. 2015b. Um reservatório de erva daninha para ácaros: *Datura stramonium* L. (Solanaceae) nas proximidades de plantas solanáceas cultivadas na Turquia. International Journal of Acarology, 41(7), 563-573.

Kumral, N.A. ve Cobanoglu, S. 2016. Patlicanda Akar (Acari) Biyolojik Q-e§itliligi ve Baskin Specieslerin Populasyon Dalgalanmasi. Tarim Bilimleri Dergisi, 22(2), 261-274.

Kuwahara, M. 1985. Resistência do ácaro Rhizoglyphus robini (Claparede) (Acari Astigmata: Acaridae) como ácaro do solo. Acarologia, 26: 371-380.

Laffi, F., Raboni, F. 1994. *Aceria tulipae* (Keifer): um ácaro eriófito prejudicial ao alho. Informatore Fitopatologico Vol.44 No.9 pp.38-40 ref.10.

Lange, W. H. 1955. *Aceria tulipae* (K.) danificando o Alho na Califórnia. Journal of Economic Entomology 1955 Vol. 48 No.5 pp.612-613 pp. ref.4.

Lange, W. H., Mann, L. K. 1960. A fumigação controla o ácaro microscópico que ataca o alho. California Agriculture 1960 Vol.14 No.12 pp.9-10.

Larraln S. P. 1986. Incidência do ataque dos ácaros *Eriophyes tulipae* Keifer (Acar., Eriophyidae) no rendimento e qualidade do alho *(Allium sativum* L.). Agricultura Tecnica 1986 Vol.46 No.2 pp.147-150 ref.6.

Laumann, M. 2007. "Speciation in the parthenogenetic oribatid mite genus *Tectocepheus* (Acari, Oribatida) as indicated by molecular phylogeny". Pedobiologia 51.2 (2007): 111-122.

Leal, W. S., Vahara Y. K., Suzuki T., Nakano Y. ve Nakao, H. 1989. Identificação e síntese de 2,3-Epoxineral, anovel monoterpeno do ácaro *Tyrophagus perniciosus* (Acarina, Acaridae). Biologia e Química Agrícola, 53 (1): 295-298.

Lebedeva, N. V., Lebedev, V. D. ve Melekhina. E. N. 2006. "Novos dados sobre a fauna dos ácaros oribatites (Oribatei) de Svalbard". Doklady Ciências Biológicas. Vol. 407. Não.
I. Nauka/Interperiodica, 2006.

Lesna, I., Sabelis, M. W., Bolland, H. R. ve Conijn, C. G. M. 1995. Candidatos naturais ao controle de *Rhizoglyphus robini* Claparede (Acari: Astigmata) em bulbos de lírio: Exploração no campo e pré-selecção no laboratório. Experimental & Acarologia Aplicada, 19: 655-669.

Liburd OE., White JC., Rhodes EM., Browdy, AA. 2007. The residual and direct effects of reduced-risk and conventional miticides on twospotted spider mites, *Tetranychus urticae* (Acari: Tetranychidae), and predatory mites (Acari: Phytoseiidae). Entomólogo da Flórida 90. (9 de Abril de 2013).

Liljestrom G, Lareschi, M. 2001. Estudio preliminar de la comunidad ectoparasitaria de roedores sigmodontinos en el partido de Berisso, provincia de Bs. As. Ac- tualizaciones en entomo-epidemiologia Argentina, CeNDIE, Ministerio de Salud y Acción Social de la Nación, Argentina.

Lin, J.-Z. ve Zhang, Z.-Q. 2006. Uma chave para as fêmeas Tarsonemus (Acari: Tarsonemidae) na China e descrição de uma nova espécie interceptada na Nova Zelândia. Acarologia Sistemática e Aplicada 11: 181-193.

Lindquist, E.E. ve Evans, G.O. 1965. Conceitos taxonómicos nos Ascidae, com uma nomenclatura setal modificada para o idiossoma da Gamasina (Acarina: Mesostigmata). Memórias da Sociedade Entomológica do Canadá 47: 1-64.

Lindquist, E.E. 1986. Os gêneros mundiais de Tarsonemidae (Acari:

Heterostigmata): uma revisão morfológica, filogenética e sistemática, com reclassificação dos táxons dos grupos familiares no Heterostigmata. Ottawa, Memórias da Sociedade Entomológica do Canadá. 517 pp.

Lindquist, E. E., Sabelis, M. W. ve Bruin, J. 1996. Eriophyoid mites: sua biologia, inimigos naturais e controle. World crop pest, vol. 6, Elsevier, Amsterdam, 822 pp.

Lindquist, E. E., Krantz, G. W. ve Walter, D. E. 2009. "Encomendar mesostigmas." Um manual de acarologia 3 (2009): 124-232.

Lindquist, E.E., Makarova O.L. 2012. Revisão da subfamília ácaro Arctoseiinae Evans com uma chave para seus gêneros e descrição de um novo gênero e espécie da Sibéria (Parasitiformes, Mesostigmata, Ascidae) , Zookeys, Vol.233; pp.1-20.

Lommen, S. T. E., Conijn, C. G. M., Lemmers, M. E. C., Pham, K. T. K. ve Kock., M.

J . D. 2012. de Protecção Integrada de Produtos Armazenados IOBC-WPRS Bulletin Vol. 81, 2012 pp. 57-67.

Lorenzato, D. 1984. Testes para o controle de ácaros danificando o alho armazenado *(Allium sativum* L.). Agronomia Sulriograndense 1984 Vol.20 No.2 pp.153-165 ref.

Luzca, Z., Ripka, G. ve Sally, K.R. 1996. Dados para Cheyletidae (Acari: Prostigmata) fauna da Hungria Folia Ent. Hung. 57.105-108.

Lynch, J.D. 1989. Intrageneric relationships of mainland *Eleutherodactylus* (Leptodactylidae). I. Uma revisão dos sapos atribuídos ao grupo de espécies *Eleutherodactylus discoidalis*. Contribuições em Biologia e Geologia. Milwaukee Museu Público de Milwaukee 79: 1-25.

Lyon, W.F. 1991. Ácaros do pó da casa. Ohio State University Extension Fact Sheet, HYG- 2157-97.

Mãe, L. 2000. Três novas espécies do gênero *Cheiroseius* com descrições suplementares de Cheiroseius taoanesis (Acari: Gamasina: Aceosejidae). Acta Arachnologica Sinica 2000 (2): 75-77.

Ma, L.M., Kuang, Y. ve Lin, J.Z. 2008. Descrições de fêmea e deutonymph de *Hypoaspis brevipilis* Hirschmann, 1969 (Acari: Mesostigmata: Laelapidae). Jornal Entomológico da China Oriental, 1, 002.

Madanlar, N. 1992. izmir ve gevresinde turuncgil bahgelerindeki akar Specieslerininin durumu. Specieskiye II. Entomoloji Kongresi Bildirileri, Adana, s. 683-691.

Madanlar, N. ve Onder, F. 1996." Ácaros associados aos cogumelos cultivados na Turquia, cartaz nº: 15-138 XX.Congresso Internacional de Entomologia (25-31 de agosto), Firenze, Itália.

Madanlar, N., Yoldas, Z. ve Durmusoglu, E. 2000. Investigações laboratoriais sobre alguns pesticidas naturais para uso de pragas aganistas em estufas vegetale. controle integrado em Cultivos Protegidos, Clima Mediterrâneo, IOBC wprs Bulletion, 23 (1):281-288.

Magud, B. D. 2007. Variação morfológica em diferentes populações de *Aceria anthocoptes* (Acari: Eriophyoidea) associada ao cardo do Canadá, *Cirsium arvense,* na Sérvia. Acarologia Experimental e Aplicada 42(3), 173-83.

Mahunka, S. 1970. Atkak V. - Acari V. Magyarorszag Allatvilaga (Fauna Hungariae 101).18: 1-76.

Mandelli, M. A., Almeida, A. A.1984. Levantamento de insetos e ácaros no alho armazenado. : XXIV Congresso Brasileiro de Olericultura. I, Reuniao Latino-Americana de Olericultura, Jaboticabal, 16-21 de Julho de 1984, Resumos e Palestras. 1984, pp.135.

Manson, D. C. M. 1970. Cachos de trigo no meio do alho. New Zealand Journal of Agriculture Vol.121 No.4 pp.61-62.

Manson, D. C. M. 1972. Novas espécies e novos registros de ácaros eriófitos da Nova Zelândia e da área do Pacífico. Acarologia XIII (2): 351-360.

Maraun, M., Schatz, H., Scheu, S. 2007. Incrível ou vulgar? Padrões de diversidade global de ácaros oribatites. Ecografia, 30: 209-216

Masan, P. 2003. Macrochelid Mites of Slovakia (Acari, Mesostigmata, Macrochelidae). Bratislava, Eslováquia: Instituto de Zoologia, Academia Eslovaca de Ciências.

Mason, L. J. 2004. Ácaro do grão *Acarus siro* (L.). Folha informativa sobre os insectos granulados E-222-W. Departamento de Entomologia, Universidade Purdue.

Maw, M. G. 2012. Uma lista anotada de insetos associados ao cardo canadense *(Cirsium arvense)* no Canadá. *The Canadian Entomologist, Volume 108, Edição 3. pp. 235-244.

McMurtry, J. A. 1977. Alguns ácaros predaceus (Phytoseiidae) sobre os citrinos na região mediterrânica. Entomophaga, 22 (1): 19-30.

Medeni, A., Erman, O. K., Dogan S. ve Ayyildiz, N. 2013. Bitlis ve Mus illeri ev tozu akarlari. Speciesk. entomol. bult., 2013, 3 (3): 169-177ISSN 2146-975X.

Mehrnejad MR., Ueckermann, EA. 2001. Ácaros (Arthropoda, Acari) associados a pistácios (Anacardiacea) no Irã (I). Syst. Aplic. Acarol. Publicação especial 6: 112.

Migeon, A. ve Dorkeld, F. 2006-2011. Spider Mites Web: uma base de dados abrangente para a Tetranychidae. Erisini   Tarihi: 24 de Novembro de 2016

http://www.montpellier.inra. fr/CBGP/spmweb.

Miko, L. ve Weigmann, G. 1996. Notas sobre o gênero *Liebstadia* Oudemans, (Acarina, Oribatida) na Europa Central.

Mitchell, M.J. 1977. Estratégias de história de vida dos ácaros oribatites. In: Dindal D.L. (Ed). Biologia dos ácaros-orebáceos. Universidade Estadual de Nova York: Syracuse. pp .65-67.

Moraes, G.J. de, McMurtry, J.A., Dinamarca, H.A., ve Campos, C.B. 2004. Um catálogo revisto da família dos ácaros Phytoseiidae. Zootaxa 434: 1-494.

Moraza, M. L., ve Pena, M. A. 2005. "Acaros mesostigmata (Acari, Mesostigmata) de habitats seleccionados de La Gomera (islas Canarias, Espana)".

Morgan, C.V.G. 1960. Personagens anatômicos que distinguem *Bryobia arborea* M.& A. e *B. praetiosa* Koch (Acarina: Tetranychidae) de várias áreas do mundo. Entomologista canadense, 92: 595-604.

Murvanidze, M. ve Mumladze, L. 2016. Lista de verificação anotada dos ácaros oribatistas georgianos. Zootaxa 4089 (1), 1-81.

Norton, R. A. ve Behan-Pelletier, V. M. 2009. Subordem Oribatida. In: Krantz, G. W., & D. E. Walter (eds) A Manual of Acarology 3rd ed. pp. 430-564. Texas Tech University Press.

Ocak, i., Dogan, S. ve Ayyildiz, N. 2007. "Akarlardan izole edilmis entomopatojen bir fungus Speciesu": *Beauveria bassiana* (Balsamo)." Journal of the Society for Art and Science 7 (2007): 125-132.

O'Connor, B.M. 1982. Acari: Astigmata. In: Parker, S. (ed.) Synopsis and Classification of Living Organisms, Vol. 2. McGraw-Hill, New York, pp. 146-169.

O'Connor, B.M. 2009. Cohort Astigmatina. Em A Manual of Acarology, 3ª edição (Eds, Krantz, G.W. e Walter, D.E.), pp. 565-657. Universidade Técnica do Texas.

Ofek, T., Gal, S., Inbar, M., Lebiush-Mordechai, S., Tsror, L.ve Palevsky, E. 2014. O papel dos fungos associados à cebola na infestação de ácaros e danos às plântulas de cebola. Acarologia Experimental e Aplicada 62: 437-448.

Olsson S, van Hage-Hamsten M, Whitley, P. Contribuição das ligações de bissulfureto para a antigenicidade de Lep d 2, o alergénio principal do ácaro *Lepidoglyphus destructor*. Mol Immunol 1998;35(16):1017-23.

Oomen, P.A. 1982. Estudos sobre a dinâmica populacional do ácaro escarlate *Brevipalpus phoenicis,* uma praga do chá na indonésia.

Osborne LS, Ehler LE, Nechols JR. 1999. Controlo biológico do ácaro aranha em estufas.

Ostoja-Starzewski, J.C. ve Matthews, L. 2006. Ácaro da cebola *Aceria tulipae*. Plant Pest Notice No. 41, CSL, York.

Ostovan, H., Faraji, F., Kamyabi, F ve Khadempour, F. 2012. Notas sobre Neoseiulus paspalivorus (De Leon) e Proprioseiopsis messor (Wainstein) (Acari:Phytoseiidae) Coletadas no Irã. Acarologia. Volume: 52 Edição: 1 página: 51-58.

Ozar, M., Toros, S. Cobanoglu, S. Qinarli, S., Emekgi, M. 1989. izmir ile ve gevresinde depolannus hububat, un ve mamulleri ile kuru meyvelerde zarar yapan Acarina takimina bagli Specieslerin tanimi, yayilisi ve konukgulari. Doga Bilim Dergisi, Tarim ve Ormancilik, 13 (3b):1154-1189.

Ozaydin, A. ve Ecevit, O. 1999. *Tyrophagus putrescentiae* (Schrank) (Acaridae; Acari) 'nin laboratuar kosullarinda, farkli sicakliklardaki yasam gizelgelerinininin elde edilmesi uzerinde arastirmalar. Karadeniz Bolgesi Tarim Sempozyumu. (4-5 Ocak 1999), 597-606. Samsun.

Ozbek H.H., Bal, D.A. 2013. Três novas espécies do gênero *Nothrholaspis* (Acari: Macrochelidae) do Vale Kelkit, Turquia", ZOOOTAXA, vol.3635, pp.4050.

Ozbek, H. H., Dogan, S., Bal, A. D. 2015. O gênero *Macrocheles* Latreille (Acari: Mesostigmata: Macrochelidae) do Vale de Kelkit (Turquia), com três espécies de ácaros recentemente registradas. Turkish Journal of Zoology Turk J Zool (2015) 39: © TUBiTAK doi:10.3906/zoo-1409-14.

Ozer, A.i. , Onder, P., Saribay, A., Ozkut, S., Gundogdu, M., Azeri, T., Aring, Y., Demir, T. ve Gene, H. 1986. Ege Bolgesi incirlerinde gorulen hastalik ve zararlilar ile savasim olanaklarininin saptanmasi ve gelistirilmesi uzerindearastirmalar, Doga Bilim Dergisi, Tarim ve Ormancilik, 10 (2): 263277.

Ozer, M., Toros, S. Qobanoglu, S., Qinarli, S., Emekgi M. 1989. izmir ili ve Qevresinde Depolanmis Hubububat, un ve Mamulleri ile Kuru Meyvelerde zarar Yapan Acarina takimina bagli Specieslerin tanimi, yayilisi ve konukeulari.Doga Bilim Dergisi, Tarim ve Ormancilik, 13 (3b) 1154-1189.

Ozkan, M., Ayyildiz, N. ve Soysal, Z. 1988. Specieskiye akar faunasi. Doga Speciesk Zooloji Dergisi, 12(1), 75-85.

Ozman, S. K. ve Qobanoglu, S. 2000. Situação actual dos ácaros da Avelã na Turquia. Quinto Congresso Internacional de Avelãs. Agosto de 2000 em Crvallis, Oregon, EUA. Acta Horticulturae,556:479-487.

Ozman, S. ve Zdarkova, E. 2000. Ácaros de avelãs armazenadas na Turquia. XXI.

Congresso Internacional de Entomologia, Brasil, 20-26 de agosto. Livro abstrato II. 1034.

Ozman, S. K. ve Qobanoglu, S. 2001. Situação actual dos ácaros das avelãs na Turquia. Acta Horticulturae. 556, 479-487.

Ozman-Sullivan, S.K., Kazmierski, A. ve Qobanoglu, S. 2005. Alycina e Eupodina Mites em Hazelnut Orchards na Turquia. Acta Horticulturae, 686: 401-406.

Ozmen, A. 2008. Baklan, Bekilli ve Qal ilgeleri (Denizli) toprak akarlarininin (Acari) faunistik ve eklojik yonden incelenmesi. http://hdl.handle.net/11499/1284, Erisim Tarihi: 22.12.2016.

Ozsayin, N. 2012. Kelkit vadisinde (Giresun, Sivas) yer alan bazi ilgelerde yumusak gekirdekli meyveler uzerindeki akar Speciesleri. Tese de mestrado. Gaziosmanpasa Universitesi, Fen Bilimleri Enstitusu, 2012.

Ozsisli, T. ve Qobanoglu, S. 2011. Fauna de ácaros (Acari) de algumas plantas cultivadas de Kahramanmaras, Turquia. African Journal of Biotechnology, 10(11), 21492155.

Pakyari, H., Ostova, H. ve Kamali K. 2006. Diversidade específica de (Parasitidae Familiar) coletada do Parque Sorkhe Hesar de Teerã e novos registros de espécies de reboque do Irã. In: Manzari, Sh. (Ed.) Abstract book of the 17th Iranian Plant Protection Congress, Karaj, p. 193.

Papadoulis, G. T., Emmanouel, N. G. ve Kapaxidi, E. 2009. Phytoseiidae da Grécia e Chipre (Acari: Mesostigmata). Indira Publishing House, 200, West Bloomfield.

Per, S. ve Ayyildiz, N. 2005. Erciyes Dagi'nin (Kayseri) epifitik oribatid akarlari (Acari) uzerine sistematik araştirmalar I. Speciesk. entomol. derg., 29 (1): 6980 ISSN 1010-6960.

Pokharel, R. R. ve Larsen, H. J. 2007. The importance and management of phytoparasitic nematodes in western Colorado fruit orchards. J. de Nema. 39: 96.

Prasad, V. 2012. Checklist de Phytoseiidae of the World (Acari: Mesostigmata). Indira Publishing House, West Bloomfield, Michigan, USA, 1063pp.

Qayyoum, M.A., Ozman, K. S., Sullivan, B. ve Khan, S. 2016. Descrição dos novos registros da família Digamasellidae (Acari: Mesostigmata) de Kizilirmak Delta, Província de Samsun, Turquia. Jornal Turco de Zoologia Turk J Zool (2016) 40: 324-327 © TUBiTAK doi:10.3906/zoo-1502-28.

Radwan, J., 1993. O significado adaptativo do polimorfismo masculino no ácaro ácaro *Caloglyphus berlesei*. Behav. Ecol. Sociobiol. 33: 201-208.

Ramakers, P.M.J. ve Van Lieburg, M.J. 1982. Início da produção comercial e introdução de *Amblyseius mekenziei* Sch. & Pr. (Acarina: Phytoseiidae) para o controle de *Thrips tabaci* Lind. (Thysanoptera: Thripidae) em estufas. Mededelingen van de Faculteit van de Diergeneeskunde van de Rijksuniversiteit te Gent, 47, 541-545.

Raphael, C., Narita, J. P. Z. ve Gilberto, J. M. 2013. Três novas espécies de *Gamasiphis* (Acari: Mesostigmata: Ologamasidae) do Brasil, com informações complementares sobre o *Gamasiphis* plenosetosus Karg e uma chave para as espécies orld do gênero. Journal of Natural History Volume 46, Edição 31-32.

Ripka, G. ve Szabo, A. 2010. "Dados adicionais ao conhecimento da fauna dos ácaros da Hungria (Acari: Mesostigmata, Prostigmata e Astigmata)". Acta Phytopathologica et Entomologica Hungarica 45.2 (2010): 373-381.

Rivlin, R. S. 2001. "Perspectiva histórica sobre o uso do alho." The Journal of nutrition 131.3: 951S-954S.

Ros, V. 2012. "Diversidade e recombinação em Wolbachia e Cardinium dos ácaros aranha de Bryobia." BMC microbiologia 12.1: S13.

Rosenthal, S. S. ve Platts, B. E. 1990. Especificidade do hospedeiro de *Aceria (Eriophyes) malherbe,* [Acari: Eriophyidae], um agente de controle biológico para a erva daninha, *Convolvulus arvensis* [Convolvulaceae]. Entomophaga, Volume 35, Número 3, pp 459-463.

Safaryan, S. E., Terlemezyan, G. L., Melkonyan, T. M., Karapetyan, D. G. 1988. A fauna nociva do alho na Armênia. Zashchita Rastenii (Moskva) 1988-No.4 pp.47.

Saleh, S. M., El-Helaly, M.S. ve El-Gayer, 1985. Pesquisa sobre Ácaros de Produtos Armazenados de Alexandria (Egito). Acarologia, 26. I: 87-93.

Salmane, I. 1999. "Ácaros Gamasina (Acari, Mesostigmata) predadores de vida livre dos prados costeiros do Golfo de Riga, Letónia". Latvijas entomologs 37: 104114.

Salmane, I. 2000. Fauna dos ácaros Gamasina predadores (Acari: Mesostigmata) em habitats litorais da costa de Kurzeme, Letónia. Ekologia (Bratislava), 19(4): 87-96.

Samsinak, K. 1962. Neue entomophili Acari aus China. Casopis Ceskoslovenske Spolecnosti entomologicke (Acta Soci-etatis entomologicae Cechosloveniae), 59, 186-204 + 184 placas.

Sanchez-Ramos, I. ve Castanera, P. 2000. Acaricida de monoterpenos naturais em *Tyrophagus putrescentiae* (Schrank), um ácaro de alimentos armazenados. Journal of stored products research, 37(1), 93-101.

Sapakova E., Hasikova L., Hfivna L., Stavelikova H., Sefrova H.2012. Infestação de diferentes variedades de alho por ácaro bolbo seco *Aceria tulipae*

(Keifer) (Acari: Eriophyidae). CTA Universitatis agriculturae et silviculturae mendelianae brunensis Volume lx 38 Número 6.

Satar, S., Ada, M., Kasap, i. ve Cobanoglu, S. 2013. Acarina fauna de árvores cítricas na região oriental do Mediterrâneo da Turquia. Boletim IOBC-WPRS, 95, 171- 178.

Scheucher, R. 1957. Systematik und Okologie der deutschen Anoetinen. Beitrage zur Systematik und Okologie mitteleuropaischer Acarina, 1: 233-384.

Seniczak, S., Chachaj, B., Wasihska, B., Graczyk, R. 2006. Efeito da água amoniacal na dinâmica sazonal da densidade de Oribatida (Acari) em prados de planície. Lote Biológico. 43, 227-230.

Siepel, H. 1996. "A importância de extremos ambientais imprevisíveis e de curto prazo para a biodiversidade dos ácaros-orbátideos." Cartas de Biodiversidade: 26-34.

Sinha, R.N., Wallace, H.A.H. 1973. Dinâmica demográfica dos ácaros de produtos armazenados. Oecologia, 12: 315-327.

Sinha, R. N. ve Kawamoto, H. 1990. Dinâmica e padrões de distribuição das populações ácaras em ecossistemas de aveia armazenada. Pesquisas sobre Ecologia da População. Junho de 1990, Volume 32, Número 1, pp 33-46.

Skoracka A., Kuczynski L., Reitor B., James W., Amrine, Jr. 2014. Ácaro do caracol de trigo e ácaro do bulbo seco: desembaraçar um enigma taxonômico através de uma abordagem multidisciplinar Revista Biológica da Sociedade Linnean, 111, 421-436.

Smalley, E.B. 1956. A produção de alho por ácaros eriófitos de sintomas como os produzidos por vírus. Fitopatologia, 46: 346-356

Solarz, K., Szilman, P., Szilman, E. 1997. Estudo preliminar sobre a ocorrência e composição de espécies de ácaros astigmáticos (Acari: Astigmata) em amostras de pó, detritos e resíduos de ambientes agrícolas na Polônia. Ann Agric Environ Med, 4: 249-252.

Solomon, M.E. 1962. Ecologia do ácaro da farinha, *Acarus siro* L. (= Tyroglyphus farinae DeG.) Annals of Applied Biology. 50(1): 178-184.

Stary, J. 1994. "Ácaros Oribatidos (Acari: Oribatida) da Serra de Krkonose". Ópera Corcontica 31 (1994): 115-123.

Stary, J., Dik. B., Guglu, F., Cantoray, R. ve Gulbahge, S. 1999. Konya Yoresi Oribatid Akar Speciesleri (Acari: Oribatida) Mevsimsel Yogunluklari ve Onemleri. Tr. J. of Veterinary and Animal Sciences 23. Ek Sayi 2, 385-391@ TUBiTAK.

Stivers, L. 2009. Crop profile: onions in New York. http://pmep.cce.cornell. edu (Erisini tarihi: Ocak 2017).

Straub, R.W. e Eckenrode, C.J. (1996). Manejo de pragas de artrópodes cebola.

Manual do IPM World Textbook de Radcliffe. Universidade de Minnesota. Disponível online: http://ipmworld.umn.edu/chapters/straub.htm.

Straub, R. W., 2004. Onion arthropod pest management. http://ipmworld.umn.edu /chapters/straub.htm. (Erisim tarihi: Aralik 2016).

Subias, L. S. 1980. Oppiidae del complejo "clavipectinata - insculpta" (Acarida, Oribatida). Eos, Rev. Esp. Entom., 54: 281-313.

Subias, L. S. ve Rodriguez, P. 1987. Oppiidae (Acari, Oribatida) de los sabinares *(Juniperus thurlfera)* de Espana I. Ramusella (5. str.) Hammer y *Ramusella* (Rectoppla) Subias. EOS, 73: 301-314.

Subias, L.S. ve Balogh, P. 1989. Chaves de identificação de gêneros de Oppiidae Grandjean, 1954 (Acari: Oribatei). Acta Zoologica Academia Scientiarum Hungaricae, 35: 355-412.

Subias, LS. 2004. Listado sistematico, sinonimico y biogeografico de los acaros oribatidos (Acariformes: Oribatida) del mundo (excepto fosiles). Graellsia, 60 (numero extraordinario),pp. 3-305.

Swirski, E. ve Amitai, S. 1968. Notas sobre os ácaros Phytoseiid (Acarina : Phytoseiidae) de Israel com uma descrição de uma nova espécie. Israel J. Ent., III (2): 95-108.

Swirski, E. ve Amitai, S. 1982. Notas sobre os ácaros predadores (Acarina: Phytoseiidae) da Turquia, com descrição do macho de Phytoseius echinus Wainstein e Arutunian. Israel Journal of Entomology, 16: 55-62.

Sekeroglu, E. 1984. Phytoseiid mites (Acarina: Mesostigmata) da Anatólia do Sul, sua biologia e eficácia como agente de controle biológico em plantas de morango. Doga Bilim Dergisi, D2, 8 (3): 320-336.

Timar, E., Bozai, J., Burges, G. 2004. Adições ao conhecimento dos ácaros que vivem do alho. Novenyvedelem 2004 Vol.40 No.1 pp.17-25 ref.27.

Tixier, M.-S., Kreiter, S. ve Moraes,G.J. 2008 - Distribuição biogeográfica dos ácaros da família Phytoseiidae (Acari: Mesostigmata). Revista Biológica da Sociedade Linnean, 93: 845-856.

Tixier, M.S., Baldassar, A., Duso, C. ve Kreiter, S. 2012. Dichotomous key to species of Phytoseiidae mites in European vine fields. http://www1.montpellier.inra.fr/CBGP/phytoseiidae/sitewebvineyards2/index.ht m.

Tixier, M.S., Tsolakis, H., Kreiter, S. ve Ragusa, S. 2012. Um diagnóstico morfológico e molecular integrativo para *Typhlodromus pyri* (Acari: Phytoseiidae). Zoologica Scripta 41: 68-78.

Toluk, A. ve Ayyildiz, N. 2008. Ali Dagindan (Kayseri) Kaydedilen iki ilken Oribatidus Akar: *Sphaerochthonius splendidus* (Berlese, 1904) ve

Epilohmannia cylindriica (Berlese, 1904) Erciyes Universitesi Fen Bilimleri Enstitusu Dergisi 24 (1-2) 101 - 111.

Toros, S. 1992. Park ve Sus Bitkileri Zararlilari. Ankara Universitesi Ziraat Fakultesi Yayinlari: 1266, Ders kitabi, 165 s.

Ueckermann, E.A. 1992. Alguns Phytoseiidae das Ilhas de Cabo Verde (Acari: Mesostigmata). Phytophylactica, 24, 145-155.

Ueckermann, E.A. ve Grout, T.G. 2007. Tydeoid mites (Acari: Tydeidae, Edbakerellidae, Iolinidae) ocorrendo em Citrus na África Austral. Journal of Natural History, 41(37-40), 2351-2378.

Urhan, R. ve ipek, Z. 2007. Specieskiye Faunasi Faunasi Icin iki Yeni *Alliphis* Halbert, 1923 (Acari, Eviphididae). Qankaya Universitesi Fen-Edebiyat Fakultesi, Journal of Arts and Sciences Sayi: 7.

Urhan, R. ve Ozmen, A. 2008. Buldan ilgesinin (Denizli) Toprak Akarlari. Buldan Sempozyumu Bildiri Kitabi.

Uysal, C. Cobanoglu, S. ve Okten, M.E. 2001. Determinação de espécies de Tetranychoidea (Acarina: Prostigmata) nocivas nas áreas do parque de Ankara. Turkiye Entomoloji Dergisi, 25: 147-160.

Van Dijk, P. ve Van Der Vlugt, R.A.A. 1994. Eur. J. Pl. Path. 100: 269.

Van Hage-Hamsten M, Johansson, SG. Ácaros de armazenamento. Exp Appl Appl Appl. Acarol 1992;16(1- 2):117-2.

Vidovic, B. 2011. Uma nova espécie de Aceria (Acari: Eriophyoidea) em *Echinops ritro* L. subsp. ruthenicus (M.Bieb.) Nyman (Asteraceae) da Sérvia e um suplemento à descrição original de *Aceria brevicincta* (Nalepa 1898). Zootaxa, 2796, 56-66.

Volgin, V.L. 1969. Acarina da família Cheyletidae l of the World. Akademia Nauk, Leningrado, URSS. 432 pp. (Em russo).

Wahba, M.L., Doss, S.A. ve Farrag, A.M.I. 1984. Fonte de re-infestação de *Eriophyes tulipae* K. para planta de alho com alguns aspectos biológicos. Bulletin de la Societe Entomologique d'Egypte, 65:179-182.

Walter, D.E. 1996. A viver de folhas: Ácaros, tomenta e domatia foliar. Annu. Rev. Entomol. 41, 101-114.

Walter, D. E. 1999. Cripticos habitantes de uma erva daninha nociva: Ácaros (Arachnida: Acari) *Lantana camara L.* invadindo florestas em Queensland. Entomologia Austral. Volume 38, Edição 3, Páginas: 197-200.

Walter, D.E. 2003. O gênero *Gamasellodes* (Acari: Mesostigmata: Ascidae): Novas espécies australianas e norte-americanas. Publicações Especiais de Acarologia Sistemática e Aplicada 15: 1-10.

Walter, D.E 2010. "Lista de Espécies de Ascidae". Catálogo de Biologia.

Universidade A&M do Texas. Arquivado do original em 7 de agosto de 2010. Recuperado em 29 de agosto de 2010.

Webster, L.M.I., Thomas, R.H., McCormack, G.P. 2004. Sistematização molecular de *Acarus siro* s. lat., um complexo de pragas alimentares armazenadas. Filogenética Molecular e Evolução, 32: 817-822.

Weigmann, G., Miko, L. ve Nannelli, R. 1993. "Redescrição de *Protoribates dentatus* (Berlese, 1883) com comentários sobre o gênero Protoribates (Acarina, Oribatida)". Redia 76.1: 39-55.

Weigmann, G. 2002. Variabilidade morfológica entre e dentro das populações de Tectocefeu (Acari, Oribatei) a partir do velatus-complexo na Europa Central - In: Bernini F., Nannelli R., Nuzzaci G., de Lillo E. (Eds.). Filogenia Acarídea e Evolução. Adaptações em ácaros e carrapatos. Kluwer Academic Publishers, Dordrecht. p. 141-152.

Weigmann, G. 2006. Hornmilben (Oribatida). In: Dahl, Tierwelt Deutschlands 76. Keltern, Alemanha: Goecke & Evers.

Weigmann, G. ve Deichsel, R. 2006. Acari: Limnic Oribatida. - In: Gerecke R. (ed.), Subwasserfauna von Mitteleuropa, Chelicerata: Araneae, Acari. Vol. 7 - Spektrum, Heidelberg: 89-115.

Wendelbo, P. 1971. Alliaceae, In: Rechinger, K. H. Flora Iranica, No.76. Graz, Akademische Druck und Verlagsansalt, pp.100.

Wilkerson JL, Webb SE, Capinera, JL. 2005. Pragas Vegetais II: Acari - Hemiptera - Orthoptera - Thysanoptera. UF/IFAS CD-ROM. SW 181.

Xassab, A. S. ve Hafez, S. M. 1990. Uso de enxofre em pó contra o ácaro do bulbo, *Rhizoglyphus robini,* e seu efeito sobre os nematódeos no solo do campo de alho. Annals of Agricultural Science, University of Ain Shams (Egypt) Vol.35 No.1 pp.533541 ref.16.

Yalcin, S., Dogan, S. ve Ayyildiz, N. 2014. "Alguns ácaros oribatidos que vivem na floresta Uzunoluk (Erzurum) e microfungi isolados deles". (2014): 117-132.

Yanar, D.ve Ecevit, O. 2005. Planta de espécies de ácaros prejudiciais e predadores em pomares de maçãs (*Malus communis* L.) na província de Tokat. Ondokuz Mayis Universitesi, Ziraat Fakultesi Dergisi, 20(1), 18-23.

Yanar, D. ve Ecevit, O. 2008. Composição das espécies e ocorrência sazonal de ácaros e seus predadores em pomares de maçã pulverizados e não pulverizados em Tokat, Turquia. Phytoparasitica, 36(5), 491-501.

Yesilayer, A. 2009. istanbul ili Yesil Alanlarinda Zararli Akar (Acarina) Specieslerininin Tanimi, Yayilisi, Onemli Speciesun Populasyon Yogunlugu ve Dogal Dusmanlari Uzerinde Arastirmalar, Ankara Un. Fen

Bilimleri Ens. (Yayimlanmamis) Doktora Tezi, Ankara.

Y'esilayer, A. ve Qobanoglu, S. 2011. Istambul (Specieskiye)'daki park ve sus bitkilerinde predator akar (Acari: Phytoseiidae) Specieslerininin dagilimi. Boletim Turco de Entomologia, 1(3), 135-143.

Zachvatkin, A.A. 1941. Fauna da U.S.S.R. Arachnoidea. Vol. VI. No. 1. Tyroglyphoidea (Acari). Traduzido e editado por A. Ratcliffe & A. M. Hughes. Washington 6, D.C.: The American Institute of Biological Sciences. 573 pp.

Zaher, M. A. ve Soliman, Z. R. 1971. - Life History of the predatory mite, *Cheyletus malaccensis* Oudemans (Acarina: Cheyletidae). - Touro. Soc. Ent. Egypt 55: 4953.

Zdarkova, E. 1986. Criação em massa do predador *Cheyletus eruditus* (Schrank) (Acarina: Cheyletidae) para controlo biológico dos ácaros que infestam os produtos armazenados. Crop ProtectionVolume 5, Issue 2, Abril de 1986, Páginas 122-124.

Zdarkova, E. 1998. Biological Control of Storage Mites by *Cheyletus eruditus.* Integrated Pest Management Reviews 3(2):111-116.

Zeytun, E., Dogan, S., Aykut, M., Ozgigek, F., Unver, E. e Ozgigek, A. 2015. Ácaros do pó da casa na província de Erzincan. Specieskiye Parazitolojii Dergisi, 39(2), 124.

Zhang Z-Q. 2003. Ácaros das estufas: identificação, biologia e controlo. Cabi Publishing, Wallingford: 244 pp.

Zhang, Z.Q. ve Fan, Q.H. 2005. Revisão do *Tyrophagus Oudemans* (Acari: Acaridae) de Nova Zelândia e Austrália. Relatório do Contrato de Pesquisa de Terras: LC0405/149, Nova Zelândia Ltd, Auckland, Nova Zelândia.

Zohary, D. ve Hopf, M. 1994. Domestication of Plants in the Old World. Oxford Science Publications, Clarendon Press, Oxford, pp. 279.

I want morebooks!

Buy your books fast and straightforward online - at one of world's fastest growing online book stores! Environmentally sound due to Print-on-Demand technologies.

Buy your books online at
www.morebooks.shop

Compre os seus livros mais rápido e diretamente na internet, em uma das livrarias on-line com o maior crescimento no mundo! Produção que protege o meio ambiente através das tecnologias de impressão sob demanda.

Compre os seus livros on-line em
www.morebooks.shop

KS OmniScriptum Publishing
Brivibas gatve 197
LV-1039 Riga, Latvia
Telefax: +371 686 204 55

info@omniscriptum.com
www.omniscriptum.com

Printed by Books on Demand GmbH, Norderstedt / Germany